配电网目标网架结构规划与设计

中压分册

中国电力科学研究院有限公司配电技术中心　组编

U0261187

中国电力出版社
CHINA ELECTRIC POWER PRESS

内 容 提 要

我国地域辽阔，不同供电区域的经济发展水平、电源布局、负荷特点、运行习惯等差异较大，确定不同供电区域的目标网架结构和不同发展阶段的过渡网架结构，是一项适应我国经济社会发展需要、提高配电网供电能力和供电可靠性、避免过度投资或投资不足和减少用户停电损失的战略决策。《配电网目标网架结构规划与设计》以深入调研、对比国内外配电网网架结构、供电可靠性等为基础，主要介绍了国内外配电网网架结构现状、配电网可靠性规划方法、可靠性和经济性评估指标和评估方法、配电网目标网架结构规划原则和网架构建，以及网架改造指导意见等内容，可有效指导我国配电网的规划、建设与改造工作。

本专著为《配电网目标网架结构规划与设计》的中压分册，在收集、整理国内外配电网现状与发展概况等的基础上，将理论方法与实践经验和实际案例相结合，提出了中压配电目标网架结构及建设、改造原则，可为政府规划和管理部门的相关人员提供决策依据，也可为电网经营企业进行配电网规划、建设和改造提供指导，还可为有志于配电网规划的研究人员以及有关专业师生等提供一些研究课题和创新性的思路。

图书在版编目（CIP）数据

配电网目标网架结构规划与设计. 中压分册 / 中国电力科学研究院有限公司配电技术中心组编. —北京：中国电力出版社，2019.12
ISBN 978-7-5198-3431-9

Ⅰ. ①配… Ⅱ. ①中… Ⅲ. ①中压电网–配电系统–网架结构 Ⅳ. ①TM727

中国版本图书馆 CIP 数据核字（2019）第 146748 号

出版发行：中国电力出版社
地　　址：北京市东城区北京站西街 19 号（邮政编码 100005）
网　　址：http://www.cepp.sgcc.com.cn
责任编辑：王春娟（010-63412350）
责任校对：黄　蓓　闫秀英
装帧设计：赵姗姗
责任印制：石　雷

印　　刷：北京天宇星印刷厂
版　　次：2019 年 12 月第一版
印　　次：2019 年 12 月北京第一次印刷
开　　本：710 毫米×1000 毫米　16 开本
印　　张：12.25
字　　数：215 千字
印　　数：0001—1500 册
定　　价：52.00 元

本书编写组

苏　剑　周莉梅　刘　伟　陈光华

李立生　赵明欣　陈　海　崔艳妍

时　翔　饶　强

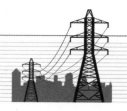

前　言

中压配电网作为高压配电网与低压配电网的衔接,其转供能力将直接影响到整个电网的安全可靠供电。一个坚强的中压配电网能够弥补高压电网的不足,充分发挥变电站的供电能力,为用户提供多种转供途径,满足多类供电用户的不同供电要求。国外的相关研究表明,加强中压配电网比加强高压配电网更具可靠性成本/效益。但是受社会经济发展水平、配电网发展历程等多重因素的影响,我国各地配电网网架结构发展思路不尽相同,东、中、西部的网架结构差异明显,因此需要研究适应我国不同类型供电区域的配电网目标网架结构。

中压配电网目标网架结构的确定在一定程度上依赖于配电网规划理念与规划方法。无论是传统的配电网规划方法,还是基于供电可靠性的配电网规划方法,都要保证中压配电网能够以合格的电能质量为用户提供连续的电力供应,只是后者更注重经济性和系统性。基于供电可靠性的配电网规划方法主要研究中压馈线层的优化规划,在整个规划过程中应用了系统论的观点,即在每一阶段都始终关注中压馈线层与高压输电层、变电站层等其他层级在电气性能方面和经济性方面的相互作用和协调。如在某些供电区域,适当增加中压馈线层的转供能力,可以减少高压配电层或变电站层的费用;同样,在某些区域,中压馈线层级的可靠性问题也可以通过改造系统内的其他层级,来得到更好的解决。这种有机的协调是以供电可靠性为目标、费用最小化为基准,而非传统安全准则的硬性约束。

中压配电网的任务就是可靠地将电力从系统电源点(变电站)配送至散布于供电区域且靠近各个用户的配电变压器,同时还要保证运行的灵活性。这就要求馈线系统尽可能地最小化三个指标(停电频率、停电持续时间和停电影响范围)。因此,馈线结构的布局、设备容量和类型的选择、分段和联络方式的设计、开关切换时间的控制是影响供电可靠性三个指标的关键因素,合理的配置这些关键因素是减少非正常运行情况发生频率、缩小其持续时间与影响范围,进而提高供电可靠性的重要措施。

此外，配电网供电可靠性预测评估和可靠性成本/效益分析是在配电网现有运行状态的基础上，为规划、设计、新建或扩建、改造或升级现有配电网供电能力而进行的预测估计，主要是比较不同配电网规划、建设与改造方案的可靠性与经济性，最终确定经济、合理的网架结构或方案。由于配电设备元件众多，网架结构复杂、运行方式多样，这给供电可靠性和经济性评估工作带来了很大的困难，使得实际预测评估工作还没有达到工程实际应用的要求，因此选择合适的评估指标，以及高效、易用的评估方法并建立相应的模型具有重要意义。

　　本书包括 10 章：第 1 章简要介绍了采用基于供电可靠性的配电网规划的必要性以及与我国传统配电网规划方法的区别与联系。第 2 章介绍了我国中压配电网网架结构现状，包括架空网和电缆网的典型接线方式及其特点、优缺点与适用范围等，并对国内 30 个重点城市网架结构的主要指标，如转供能力、线路 $N-1$ 通过率、线路最大负载率和供电可靠率等进行了分析。第 3 章介绍了国外部分发达国家城市配电网的概况，分析了四个国际大都市东京、巴黎、伦敦、新加坡的电网概况，深入阐述了他们的配电网网架结构、设备选型、供电可靠性水平、配电自动化水平以及规划、管理理念等。国外发达城市普遍重视城市配电网规划以及规划的执行，在明确城市配电网典型网架结构后，按规划建设执行并持续改进，形成了各具特色的城市配电网，其发展方式与实践经验值得我国借鉴。第 4 章对国内外配电网情况进行了对比分析。结合国内外配电网现状，从网架结构、线路选型、技术水平与供电可靠性水平四个方面对国内外配电网进行了对比分析，总结了国际大都市东京、巴黎、伦敦和新加坡在配电网规划、建设方面的实践经验，对我国城市配电网目标网架结构规划具有借鉴意义。第 5 章介绍了基于供电可靠性的配电网规划方法。结合我国配电网规划的实际情况，介绍了馈线系统规划的目标和约束条件、规划步骤及馈线系统可靠性设计的总体过程，重点对可靠性规划过程中的馈线系统关键要素及其配置方法进行了阐述，并对某示例系统进行了详细分析。第 6 章介绍了配电网可靠性、经济性评估指标及评估方法。介绍了国内外常用的系统可靠性评估指标、负荷点可靠性评估指标和可靠性成本/效益指标，并提出了反映配电网可靠性规划水平的指标，如负荷点等效系统平均停电持续时间等，这些指标能够较为全面地反映出配电系统的可靠性与经济性水平。此外，介绍了常用的配电网可靠性评估方法并重点阐述了最小割集法。在可靠性成本/效益分析方面，提出了符合我国配电网实际情况的 Pareto 曲线及其生成方法，并用实际算例验证了方法的有效性。第 7 章介绍了配电网典型网架结构的可靠性、经济性评估。建立了典型网架结构可靠性、经济性评估的场景模型，包括假设条件、边界条件、设备参数和综合造价等，并对典型网架结构进行了可靠性、经济性评估，得出了有益的结论；同时讨论了不同中压网架结构对用户供电可靠性的影响，对不同负荷密度下、不同负载率水平下和不同寿命周期下的供电可靠性水平进行了计算和分析，为中压配电网目标网架结构的确定提供了量化分析依据。第 8 章介绍了中压配电网目标网架结构。结合不同网架结构的可靠性要求与约束条件，提出了 10kV 中压架空网和电缆网的目标网架结构。应用供电可靠性与经济性评估方法，对目标网架结构进行了可靠性、经济性评估，定量分析了供电可靠性与分段开关的设置、配电自动化、带电作业和状态检修等因素之间的关系，提出了分段开关设置、配电自动化、带电作业和状态检修的优化方案。第 9 章介绍了城市中压配电网网架改造指导意见。对配电网目标网架、网架建设与改造技术要求、用户接入技术要求和配电网分析评估进行了规定，以有效地指导配电网规划、建设与改造工作。第 10 章分别以 A+类和 C 类示范区为实际案例，阐述了基于供电可靠性的配电网规划方法的应用方法和流程，以方便配电网规划人员尽快掌握该规划方法的使用。

本书视角新颖、内容丰富，在收集、整理国内外配电网现状与发展概况等的基础上，将配电网的目标网架结构作为系统理论问题来探讨，并与实践经验相结合，提出了新的思路及有价值的结论和建议。希望本书的出版能够引起业内人士对我国配电网发展中一些共性问题的关注，为规划部门和管理部门尽快作出我国配电网目标网架的决策提供依据，指导电网经营企业进行配电网的规划、建设与改造工作，以使配电网能够更好地适应未来社会经济的发展，也为有志于配电网规划的研究人员以及有关专业师生等提供一些研究课题和创新性的思路。

本书所提出的一系列基于供电可靠性的中压配电网目标网架结构等研究成果对于我国目前以及今后配电网的建设有重要的参考价值。在本书的前期研究过程中，范明天、张祖平教授提供了许多指导性意见，对于所有与作者进行过合作、研究和讨论的人员对本书的支持、帮助作者表示诚挚的谢意！

编著者

2019 年 6 月

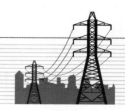

目 录

前言

第1章 绪论 ……………………………………………………………………… 1
1.1 配电网目标网架规划与设计的必要性 ……………………………………… 1
1.2 配电网目标网架结构规划与设计流程 ……………………………………… 2
1.3 基于可靠性的配电网规划方法的优势 ……………………………………… 4
1.4 相关定义 ……………………………………………………………………… 7

第2章 我国中压配电网网架结构现状 ………………………………………… 8
2.1 典型网架结构 ………………………………………………………………… 8
2.2 典型网架结构比例 …………………………………………………………… 14
2.3 主要指标分析 ………………………………………………………………… 17

第3章 国外部分发达国家城市配电网概况 …………………………………… 22
3.1 东京配电网概况 ……………………………………………………………… 22
3.2 巴黎配电网概况 ……………………………………………………………… 32
3.3 伦敦配电网概况 ……………………………………………………………… 44
3.4 新加坡配电网概况 …………………………………………………………… 48

第4章 国内外配电网情况对比 ………………………………………………… 55
4.1 网架结构对比分析 …………………………………………………………… 55
4.2 配电线路选型对比分析 ……………………………………………………… 57
4.3 技术水平现状对比分析 ……………………………………………………… 58
4.4 可靠性水平对标 ……………………………………………………………… 59

4.5 国际大都市配电网的实践经验 ···62

第5章 基于供电可靠性的馈线系统规划方法 ·····························65
5.1 馈线规划目标和约束条件 ···65
5.2 馈线系统规划的步骤 ···66
5.3 馈线系统可靠性设计的总体过程 ···67
5.4 馈线系统关键要素 ···68
5.5 关键要素的配置方法 ···72
5.6 应用示例 ···81

第6章 配电网可靠性、经济性评估指标及评估方法 ···················90
6.1 配电网可靠性、经济性评估指标体系 ·····································90
6.2 常用的配电网供电可靠性评估方法 ··96
6.3 基于最小割集法的配电网供电可靠性评估方法 ······················102
6.4 基于可靠性的成本效益分析方法 ···108

第7章 配电网典型网架结构的可靠性、经济性评估 ···················115
7.1 可靠性评估的基本模型 ··115
7.2 典型网架结构的可靠性评估 ···119
7.3 考虑不同负载率的典型网架结构可靠性评估 ···························123
7.4 考虑设备寿命周期的典型网架结构可靠性评估 ·······················125
7.5 典型网架结构的经济性评估 ···126
7.6 提升网架结构可靠性的经济性分析 ··128

第8章 中压配电网目标网架结构 ···131
8.1 目标网架的可靠性要求及约束条件 ··131
8.2 10kV 目标网架结构的确定 ···132
8.3 目标网架结构的可靠性评估 ···141
8.4 目标网架结构的经济性评估 ···146
8.5 供电区域与目标网架的对应关系 ···148
8.6 现状网架向目标网架的改造过渡方式 ·····································149

第9章　城市中压配电网网架改造指导意见 ……………………………… 151

　9.1　总则 ……………………………………………………………… 151

　9.2　配电网目标网架 ………………………………………………… 152

　9.3　配电网网架建设与改造技术要求 ……………………………… 155

　9.4　用户接入技术要求 ……………………………………………… 160

　9.5　配电网分析评估 ………………………………………………… 161

第10章　实际案例分析 …………………………………………………… 162

　10.1　北京某示范区（A＋类）配电网规划 ……………………… 162

　10.2　重庆某示范区（C类）配电网规划 ………………………… 168

附录A　30个重点城市按"三大地区"划分的方法 …………………… 180

附录B　供电区域划分方法 ……………………………………………… 181

参考文献 …………………………………………………………………… 182

第1章

绪　　论

1.1　配电网目标网架规划与设计的必要性

在以清洁能源为主导、以电为中心的能源发展新格局下，电网成为能源配置的主要载体。特别是 110kV 及以下配电网，是电网的重要组成部分，是保障电力"配得下、用得上"的关键环节，不仅直接面向终端用户，而且综合承接分布式电源、电动汽车等间歇性主动式负荷，承担着履行社会责任的使命，是能源互联网不可或缺的角色，因此受到前所未有的重视，正在走向舞台中央。

国外发达城市多处于发展成熟阶段，电力负荷从 20 世纪 80 年代就基本进入了平稳增长期，电网规模已基本固定，配电网的发展和管理更多的是关注运行可靠性和经济性，提升服务质量。相比之下，我国城市仍处于快速发展阶段，尤其是进入 21 世纪后，我国电力工业表现出了前所未有的发展势头，电网建设也得到长足发展，电力负荷增长迅速，配电网规模不断扩大，总体满足了经济社会发展需求。经过多年的建设与改造，我国配电网结构明显改善，供电能力大幅提升，户户通电和新农村电气化等民心工程广受赞誉。但是，由于历史欠账较多，配电网尤其是农村配电网发展仍然滞后，电能质量和装备水平有待提高。随着新型城镇化建设深入推进，特别是在我国电力体制改革新形势下，作为城乡基础设施的配电网，如何高效规划设计其目标网架结构是一项复杂的挑战，直接影响到电力公司的运营管理和收益，其发展也将面临着更多的机遇和挑战。

历史上中低压配电网基本是跟随用户需求建设起来的，受投资方影响较大，其网架结构和供电可靠性一直缺乏规范管理和具体分析。目前，各地区结合自身电网发展的实际情况，根据各地的经济发展水平、电网规划思路、电源布局、负荷特点、运行习惯等综合因素，有意识地形成了适合自身电网发展需要的网架结构，但缺少明确的目标和系统地研究，存在着重复改造、投资浪费等现象。因此，

1

国家电网有限公司要求组织开展配电网统一规划，加大配电网建设和改造力度，特别要加大中、低压配电网投资比例，以一个网络坚强、结构合理、安全可靠、运行灵活、节能环保、经济高效的配电网，解决供电"卡脖子"等突出问题，提高供电质量和可靠性。

由于提高供电可靠性和降低费用本质上往往相互冲突，如何以最低费用来提高供电可靠性对配电网的发展建设提出了新挑战。从规划方法来看，我国传统的配电网规划方法通过导则隐含地实现可靠性，在设备负载率高于常规水平的情况下，不能确保配电系统的可靠性水平，不符合差异化和精细化管理目标，难以保障供电公司和用户利益。从评估体系和方法来看，我国传统最小费用法无法应对定额预算的需求，不能从战略角度对费用和支出决策进行评估和控制。因此，我国应充分借鉴国内外先进经验，将供电可靠性引入配电网规划当中，以显著改善我国城市配电网供电可靠性水平。

供电可靠性一直是西方发达国家进行电力监管的最重要的性能指标，且其供电可靠性已达到了很高的水平，例如美国的各电力公司供电可靠性基本上达到了一个稳定的趋势，中心城区供电可用率指标基本可以达到 99.99%（即用户平均停电时间约为 53min）。1995 年日本东京供电可靠率达到了 99.999%（即用户平均停电时间约为 5.26min）。我国城市电网供电可靠率目前已达到 99.9%（即用户平均停电时间约为 8.76h）以上，供电可靠性水平和国外相比仍有很大的差距。从全国平均数据来看，全国城市（市中心＋市区＋城镇）10kV 用户平均供电可靠率由 2006 年的 99.849%（13.19h）提高为 2016 年的 99.941%（5.17h）；全国农村 10kV 用户平均供电可靠率由 2006 年的 99.563%（38.3h）提高为 2016 年的99.758%（21.13h）。因此，应借鉴国外先进国家的经验，结合各城市的实际情况，合理制定规划水平年的供电可靠性目标，采用先进的方法和手段，引入基于供电可靠性的配电网规划技术，指导各供电企业规划适合自身的中压配电网目标网架结构，使其在合理的投资下达到预期的可靠性水平，并按目标网架有序地开展配电网的建设与改造，避免造成投资浪费，提高社会经济效益。

1.2　配电网目标网架结构规划与设计流程

利用基于可靠性的配电网规划方法进行中压配电网目标网架结构规划与设计的主要流程如图 1-1 所示。具体过程如下：

（1）确定研究对象，即一个区域电网、一个城市或省级电网，提炼出该研究对象的所有典型网架结构，包括架空网和电缆网；

（2）调研国内外配电网的网架结构及规划管理理念，深入分析、对比国内外配电网网架结构的特点、优缺点、适用范围、可靠性和经济性等方面，借鉴他们的实践经验；

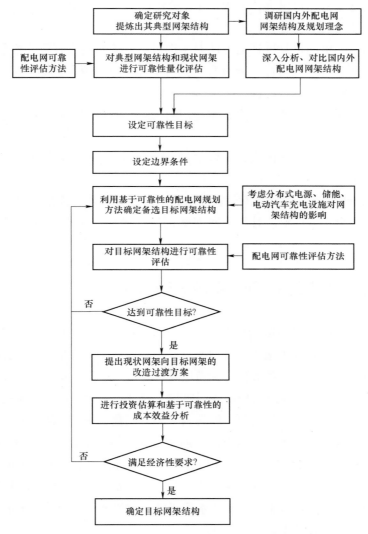

图 1-1　中压配电网目标网架结构规划与设计流程图

（3）选择合适的配电网可靠性评估方法和评估软件，对研究对象的所有典型网架结构进行可靠性量化评估，给出可靠性评估结果；

（4）利用可靠性目标的设定方法，设定研究对象的可靠性目标；

（5）设定边界条件，如投资约束、需遵循的相关导则等；

（6）利用基于可靠性的配电网规划方法，提出研究对象的中压配电网目标网架结构，包括接线方式、设备选型、建设标准、配电自动化水平、通信方式和接入的客户类型等方面提出具体要求，并充分考虑未来分布式电源、储能、电动汽车充电设施接入的适应性；

（7）利用配电网可靠性评估方法对备选目标网架结构进行可靠性量化评估，判断其是否达到可靠性目标，若没有达到可靠性目标，返回到第（6）步，对目标网架结构进行微调，否则进入下一步；

（8）结合研究对象的现状网架结构，提出现状网架向目标网架改造过渡的详细方案，给出改造的最佳时机；

（9）对改造过渡方案的进行投资估算，并对目标网架结构进行基于可靠性的成本效益分析；

（10）判断投资总额和基于可靠性的成本效益分析是否满足要求，若不满足要求，返回到第（6）步，对目标网架结构进行微调，否则生成最终目标网架结构。

1.3 基于可靠性的配电网规划方法的优势

我国目前广泛采用的传统配电网规划方法，是基于预想事故或"$N-k$"安全准则的规划方法，即以个案为基础研究整个系统，k 指系统在失去 k 台设备后仍能保持正常运行，通过评判系统是否满足导则要求，隐含或间接地完成可靠性设计工作，即通过为系统预留充分的备用容量来保证可靠性。我国传统的配电网规划方法非常适用于制订运行规划，但有两个非常明显的缺点。第一，如果规划人员主要关注降低费用或预算有限方面的问题，那么这种规划方法不是特别有效。第二，尽管这种基于事故的规划方法列举并解决了每种可能的单台或两台设备停运的情况，但是在设备负载率（峰荷/容量，用于高压配电线路与变压器）高于常规水平的情况下，就不能确保系统本层级的可靠性水平，因为该方法未能考虑层级之间的负荷转移情况。

随着电力企业对供电可靠性量测和管理能力的不断提高，以及社会对供电可靠性需求和价值认识的日益提高，电力行业及全社会越来越关注和重视供电可靠性。为了满足电力企业和社会对供电可靠性精益化管理的要求，应在配电网规划阶段就有必要设定明确的供电可靠性目标。基于可靠性的配电网规划方法，其准则和目标源于明确的可靠性数值，在系统负载率高、事故裕度小的条件下，通过精心、合理的规划设计，可实现网架结构和网络互联的灵活性，同样达到高可靠性水平。实践证明，它可实现可靠性投资成本效益最大化。按照这种方法，利用可靠性分析和规划工具，可直接为了实现可靠性目标来设计配电网结构。具体过程是将预测的负荷和客户数输入到潮流程序和可靠性分析程序中，输出结果会指出薄弱环节，即在规划系统中不满足电压降、负荷（潮流）及可靠性准则的区域。然后，集中解决薄弱环节，确定提高可靠性的最佳网架结构（费用最低），使其达到可靠性目标。该方法具有以下特点：

（1）以定量的、基于客户的供电可靠性指标为目标，体现了可靠性与费用之间的相互平衡。

（2）馈线系统规划必须考虑的关键要素包括单馈线结构、容量、线路分段、联络和开关切换时间等，并对它们之间的相互影响进行预测，做到合理配置，能够规划具有不同层级相互支持能力的坚强馈线系统。

（3）基于计算程序的供电可靠性评估像潮流分析一样成为普遍采用的方法。

（4）尽量减少预期支出、供电可靠性和可靠性成本/效益在地区之间或客户之间的不公平性。

（5）实现可靠性规划的两种方式：一是以最小费用实现供电可靠性目标；二是在定额预算需求下尽可能地提高供电可靠性。

为了正确地实施配电网可靠性规划，规划人员需要以下五项能力或资源：

（1）可靠性定量预测分析。规划人员需要一个"预测"工具，可用于评估系统或其设备的变化可能带来的可靠性变化。这一方法必定要使用某种形式的概率分析，从而它能评估规划人员在处理故障率和考虑不确定的未来情况时需要面对的多重可能结果。一个良好的可靠性分析/规划方法的特征如下：

1）有严格合理的数学分析；

2）有客户的可靠性指标；

3）有对目标和具体位置的分析；

4）有深度和广度的分析；

5）有详细记录的过程和论证。

配电可靠性评估常用的方法有四种，分别是网络模拟法、马尔可夫模拟法、分析模拟法和蒙特卡罗模拟法。这四种方法进行可靠性分析的理论依据是不同的，它们分别采用不同的方式来确定系统的可靠性。

（2）合理的基于客户的供电可靠性目标。规划人员必须了解他们必须要达到的可靠性目标。无论是任意确定的还是通过详细过程确定的，要有具体地实施一个基于可靠性或基于风险的规划，都必须设定一个可靠性目标，其关键内容有：

1）必须基于客户（基于每个客户或每千瓦时），而不是基于系统层级。国内外的可靠性统计方式不同，国外发达国家的可靠性是统计到低压用户的，我国是统计到中压配电变压器的。

2）严格的可靠性定义。可靠性目标必须清晰地规定，包括停电频率、停电持续时间等指标，并精确规定它们的度量方法。多目标比较常见，如预期停电持续时间为 100min，预期停电频率为 1.4 等。

3）正确的可靠性定义。作为结果而言，电力企业应该保证它的目标是正确的，因为一个管理良好、基于可靠性的过程就可达到该目标。

4）量化的目标，即目标必须是定量的。目标不一定是准确的，但它可以衡量实际可靠性和目标可靠性之间的任何差距，并且可以跟踪进展。

5）特定应用和通用应用。可靠性目标必须既能用于单个客户地点、回路或系统的小区域，也能用于整个区域或整个系统。例如，*SAIDI* 指标通常表示整个系统的平均停电持续时间，同时 *SAIDI* 指标也可对任何区域、回路、相邻线路或任何客户组或客户类进行计算。

（3）深思熟虑的费用/支出目标。为了优化可靠性/费用，除了给出可靠性和目标的定义外，还要给出费用的定义。费用的定义要明确、清楚、易理解并易于交流。几乎任何形式的费用都可以使用，如初始费用、年度费用、净现值、现金流出等。对于可靠性问题，规划人员必须明确，定义是符合目标的。例如，如果规划人员想基于社会停电损失判断可靠性改进，则需要确定 1 元的社会停电损失与 1 元的其他费用是等值的。

（4）具有能满足规划需要的、良好空间分布的负荷预测。当系统的峰值负荷增大和/或峰荷持续时间变长，系统的预期可靠性会降低。因此，需要预测未来负荷的可信度，它是任何可靠性规划的基础。负荷预测的三个重要方面有：

1）气候及其影响。建议从预测规格化转到"设计气候条件"标准化（即考虑 10 年一遇气候或 15 年两遇的气候条件）。

2）空间比例尺。负荷预测的具体"位置"对适当的容量规划和良好的可靠性都极其重要。这一点可通过小区负荷预测来实现，小区的面积必须足够小，规划人员需要清楚了解负荷需求及增长的位置，以便为设备定址、安排路径和备用线。一条经验法则为，所需小区面积约为正在规划的设备或设施平均供电面积的

1/10。

3）峰荷时间（h/年）和峰荷持续时间（每次峰荷的连续小时数）。它们是理想情况下需要处理的重要负荷特性。与终端用户和负荷曲线有关的各种负荷预测法可以提供可靠的负荷预测。在很多情况下，基于负荷持续时间曲线的预测能够满足可靠性规划的目的。

（5）建立良好的过程和流程。规划人员规划时需要有详尽的文档和结构良好的过程。这意味着对于他们的规划工作、结果记录、所推荐支出的合理性论证，不仅有非常具体的方法对不同的选项加以定义、分析、评估和比较，而且需要有确定的机构和过程。这一重点领域不是技术性的，但它非常重要。

1.4 相关定义

（1）回路。指供电系统中 2 个或多个端点（断路器、开关和/或熔断器）之间的元件，包括变压器、电抗器、电缆和架空线，不包括母线。

（2）"$N-1$"停运。指一个回路故障停运或计划停运。

（3）"$N-1-1$"停运。指计划停运的情况下又发生故障停运。

（4）配电网网架结构。指由电源点馈出，由线路、开关、配电变压器等元件按照一定接线方式组成的、具有相互联络关系的、能够配送电能的配电网接线方式。

（5）配电网目标网架结构。指按照远景饱和负荷密度规划后，区域在规划期末将要建成的配电网网架结构。配电网目标网架结构应能够满足区域负荷增长需求，具备较强的负荷转移能力，其基本特征为：

1）接线规范合理、运行灵活，具备充足的供电能力、较强的负荷转供能力以及对上级电网有一定的支撑能力；

2）能够适应各类用电负荷、分布式电源、电动汽车充电设施等新能源的增长与发展，便于开展带电作业，适应负荷接入与扩充；

3）设备设施选型、安装安全可靠，具备较强的防护性能，有一定的抵御事故和自然灾害的能力；

4）保护配置、保护级数合理可靠；

5）便于实施配电自动化，并能有效防范故障连锁扩大；

6）满足相应供电可靠性要求，与社会环境相协调，建设与运行费用合理。

第2章

我国中压配电网网架结构现状

2.1 典型网架结构

2.1.1 架空网

2.1.1.1 辐射式

辐射式接线简单清晰、运行方便、建设投资低。当线路或设备故障、检修时，用户停电范围大，但主干线可分为若干段（一般为2～3段），以缩小事故和检修停电范围；当电源故障时，则将导致整条线路停电，供电可靠性差，不满足 $N-1$ 要求，但主干线正常运行时的负载率允许达到100%。有条件或必要时，可发展过渡为同站单联络或异站单联络。

辐射式接线是架空线路中最原始的形式，一般适用于负荷密度较低、用户负荷重要性一般、变电站布点稀疏的地区。辐射式接线示意如图2-1所示。

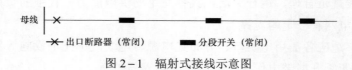

图2-1 辐射式接线示意图

2.1.1.2 多分段、单联络

通过一个联络开关，将来自不同变电站（开关站）的中压母线或相同变电站（开关站）不同中压母线的两条馈线连接起来。任何一个区段故障，拉开故障分段开关、闭合联络开关，将负荷转供到相邻馈线，完成转供。满足 $N-1$ 要求，但主干线正常运行时的负载率需控制不大于50%。该接线模式的最大优点是可靠性比辐射式接线模式有了大大提高，接线清晰、运行比较灵活。线路故障或电源

故障时，在线路负荷允许的条件下，通过倒闸操作可以使非故障段恢复供电，线路的备用容量为 50%。若配电网中一条线路电源出现故障时，可将联络开关闭合，从另一条线路送电，使相应供电线路达到满负荷运行。由于考虑了联络线和备用容量，线路投资将比辐射式接线有所增加。

优先推荐不同变电站之间、不同母线之间的联络，在特殊情况下，可采用首端联络。随着电网的发展，在不同回路之间通过建立联络，就可以发展为更为合理、有效的接线模式，线路的利用率进一步提高，供电可靠性也相应提高，便于继续扩充，适合负荷的发展。

多分段、单联络是架空线路中最为基本的形式，适用于电网建设初期，较为重要的负荷区域，能保证一定的供电可靠性。

多分段、单联络接线方式如图 2-2 所示，其一般分本变电站单联络和变电站间单联络两种。

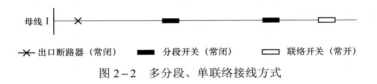

图 2-2　多分段、单联络接线方式

2.1.1.3　多分段、多联络

架空线路采用环网接线开环运行方式，分段与联络数量应根据用户数量、负荷密度、负荷性质、线路长度和环境等因素确定，一般将线路三分段、2～3 段联络，每条线路负荷电流控制在 300A 以下，每一分段的负荷电流控制在 70～100A。线路分段点的设置应随网络接线及负荷变动进行相应调整，优先采取线路尾端联络，逐步实现对线路大支线的联络。该接线模式的最大优点是增加了联络点数量，减少了每段线路的备用容量，提高了线路的利用率，两联络和三联络接线模式的负载率可分别达到 67%和 75%，适用于负荷密度较大，可靠性要求较高的区域。

典型的多分段、多联络一般有三分段、两联络和三分段、三联络两种接线。

（1）三分段、两联络。通过两个联络开关，将变电站的一条馈线与来自不同变电站（开关站）或相同变电站不同母线的其他两条馈线连接起来。这种接线最大优点是可以有效提高线路的负载率，降低不必要的备用容量。在满足 $N-1$ 的前提下，主干线正常运行时的负载率可达到 67%。

（2）三分段、三联络。通过三个联络开关，将变电站的一条馈线与来自不同变电站或相同变电站不同母线的其他三条馈线连接起来。任何一个区段故障，均可通过联络开关将非故障段负荷转供到相邻线路。在满足 $N-1$ 的前提下，主干线正常运行时的负载率可达到75%，其接线示意如图2-3所示。

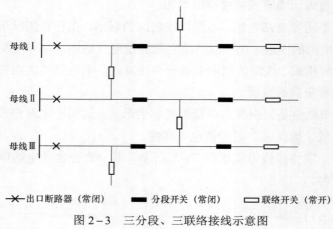

图2-3　三分段、三联络接线示意图

2.1.2　电缆网

2.1.2.1　单射式

自一个变电站或一个开关站的一条中压母线引出一回线路，形成单射式接线方式。该接线方式不满足 $N-1$ 要求，但主干线正常运行时的负载率允许达到100%。有条件或必要时，可过渡到单环网、异站对射接线或 N 供1备等接线方式。城区内一般不采用该接线方式，其他区域根据实际情况采用，但随着网络逐步加强，该接线方式需逐步改造为单环式接线，其接线示意如图2-4所示。

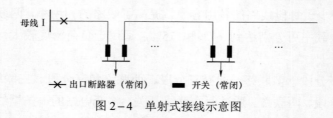

图2-4　单射式接线示意图

2.1.2.2　双射式

自一个变电站或一个开关站的不同中压母线引出双回线路，形成双射接线方式，或自同一供电区域不同方向的两个变电站（或两个开关站），或同一供电区域一个变电站和一个开关站的任一段母线引出双回线路，形成双射接线方式。满足 $N-1$ 要求，但主干线正常运行时的负载率需控制不大于 50%。有条件或必要时，可过渡到双环式、对射式或 N 供 1 备接线方式。高负荷密度地区可自 10kV 母线引出三回线路，形成三射接线方式。当一条电缆本体故障时，用户配电变压器可自行切换到另一条电缆上。

双射式适用于容量较大、不适合以架空线路供电、对供电可靠性要求较高的用户，其接线示意如图 2-5 所示。

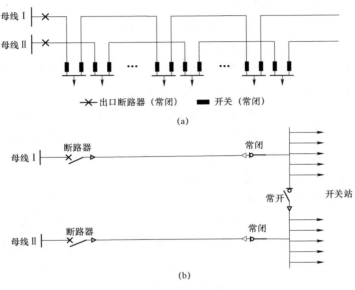

图 2-5　双射式接线示意图

（a）典型双射式接线；（b）典型开关站接线

2.1.2.3　对射式

自不同方向电源的两个变电站（或两个开关站）的中压母线馈出单回线路组成对射式接线，一般由改造而成。满足 $N-1$ 要求，但主干线正常运行时的负载率需控制不大于 50%。对射式适用于容量较大对供电可靠性要求较高的用户，对射式（双侧电源双射式）接线示意如图 2-6 所示。

2.1.2.4　单环式

自两个变电站的中压母线（或一个变电站的不同中压母线）或两个开关站的中压母线（或一个开关站的不同中压母线）或一个变电站和一个开关站的中压母

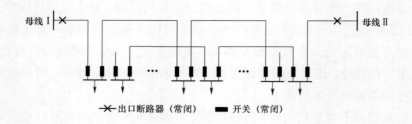

图 2-6　对射式（双侧电源双射式）接线示意图

线馈出单回线路构成单环网，开环运行。任何一个区段故障，拉开相应区段开关、闭合联络开关，将负荷转供到相邻馈线，完成转供，在满足 $N-1$ 的前提下，主干线正常运行时的负载率需控制不大于 50%。

　　单环网的环网点一般为环网柜、箱式站或环网配电站，其与架空单联络相比具有明显的优势，由于各个节点都有两个负荷开关，可以隔离任意一段线路的故障，减少影响的用户数量，故障下影响用户的停电时间为倒闸时间，只有在终端变压器（单台配置）故障的时候，客户的停电时间是故障的处理时间。这种接线的最大优点是可靠性比单电源辐射式高，接线清晰、运行比较灵活。单环式宜采用异站单环接线方式，不具备条件时采用同站不同母线单环接线方式，在单环网尚未形成时，可与现状架空线路暂时拉手。

　　单环接线主要适用于城市一般区域（负荷密度不高、可靠性要求一般的区域），中小容量单路用户集中区域，工业开发区以及电缆化区域容量较小的用户。这种接线模式适用于电缆网络建设的初期阶段，环网点处的环网开关考虑预留，有的地区随着电网的发展，在不同的环之间建立联络，发展为环中套环的复杂接线模式，使线路负载率提高，加大了线路管理难度。单环接线也适用于城市中心区、繁华地区建设的初期阶段或城市外围对市容及供电可靠性都有一定要求的地区。单环式（双侧电源）接线示意如图 2-7 所示。

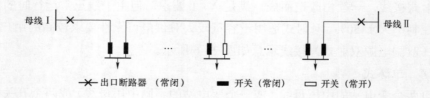

图 2-7　单环式（双侧电源）接线示意图

2.1.2.5　双环式

　　自两个变电站（开关站）的不同段母线各引出一回线路或同一变电站的不同段母线各引出一回线路，一般同路径敷设，构成双环式接线方式。在满足 $N-1$ 的前提下，主干线正常运行时的负载率需不大于 50%。双环网中可以串接多个环网单元或开关站。该接线模式可以使用户得到两个方向的电源，满足从 10kV 线路到客户侧 10kV 配电变压器的整个网络的"$N-1$"要求，供电可靠性高，运行较为灵活。

　　双环式接线适用于城市核心区、繁华地区，重要用户供电以及负荷密度较高、可靠性要求较高、开发比较成熟的区域，双环式接线示意如图 2-8 所示。

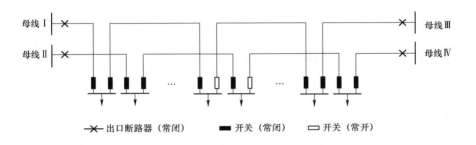

图 2-8　双环式接线示意图

2.1.2.6　N 供 1 备

　　N 供 1 备时，N 条电缆线路连成电缆环网运行，另外一条线路作为公共备用线。非备用线路可满负荷运行，若有某一条运行线路出现故障，则可以通过倒闸将备用线路投入运行，其设备利用率为 $\dfrac{N}{N+1}$。该种模式随着"N"的不同，其接线的运行灵活性、可靠性和线路的平均负载率均有所不同。虽然 N 越大，负载率越高，但是运行操作复杂，一般 N 最大取 4。N 大于 4 的接线模式比较复杂，操作也比较烦琐，同时联络线的长度较长，投资较大，线路负载率的提高也不再明显。

　　N 供 1 备接线方式适用于负荷密度较高、较大容量用户集中、可靠性要求较高的区域，建设备用线路也可作为完善现状网架的改造措施，用来缓解运行线路重载，以及增加不同方向的电源，N 供 1 备接线示意如图 2-9 所示。

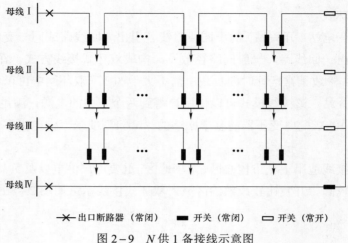

图 2-9 N 供 1 备接线示意图

2.2 典型网架结构比例

2.2.1 架空网

在国家电网供电区域内，10kV 架空网主要有多联络、单联络和辐射式三种典型接线方式。根据 2012 年的统计数据，辐射式占比较高（约占 52.3%），区域分布情况如图 2-10 所示。

（1）从各类供电区域来看：

1）A+、A 类供电区中多联络占比最高，分别占 85.7% 和 52.7%；辐射式比例分别为 0.6% 和 8.5%。

2）B 类供电区中单联络占比最高，占 43.2%；辐射式比例为 24.6%。

3）C、D、E 类供电区中辐射式占比最高，分别占 42.1%、74.0% 和 77.3%。

4）根据 Q/GDW 1738—2012《配电网规划设计技术导则》，考虑目前 D、E 类供电区域的供电可靠性水平和电网实际情况，宜存在 10kV 辐射状结构。

（2）从 30 个重点城市来看：

1）多联络。东部地区多联络所占比例明显高于中、西部地区，其中多联络比例最高的城市达到 96%；分布在 60%～96% 的有 5 个城市，分布在 20%～60% 的有 20 个城市。

2）单联络。单联络、辐射式与地域的关系不大，3 个区域所占比例有高有

低。其中，单联络比例最高的城市达到 78%；大部分城市的单联络比例分布在
20%～60%。

3）辐射式。除北京和杭州外，28 个重点城市都采用辐射式，其中 21 个城
市的辐射式比例分布在 10%～30%，4 个城市分布在 1%～10%。

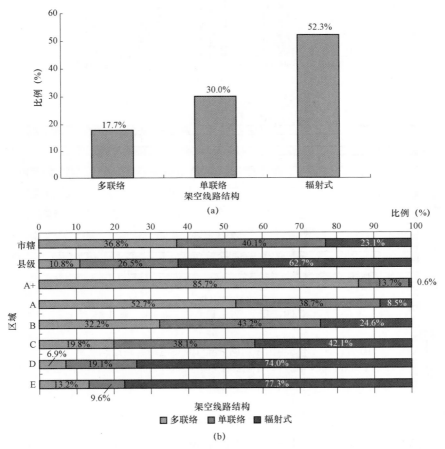

图 2-10　2012 年国家电网公司 10kV 架空线路结构比例

（a）国家电网 10kV 架空线路结构比例；（b）各类区域 10kV 架空线路结构比例

2.2.2　电缆网

国家电网供电区域内 10kV 电缆网主要有双环网、单环网、双射网和单射网
四种典型接线。根据 2012 年的统计数据，单环网比例较大（约占 39.6%），区域
分布情况如图 2-11 所示。

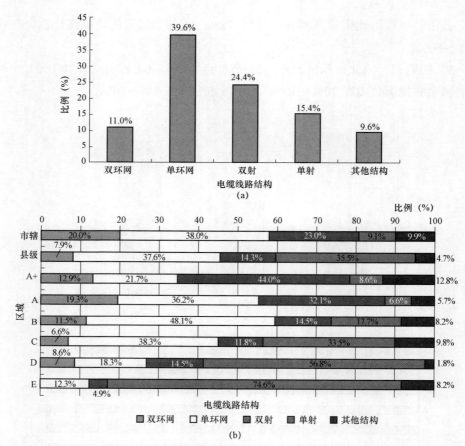

图2-11　2012年国家电网公司10kV电缆线路结构比例

（a）国家电网10kV电缆线路结构比例；（b）各类区域10kV电缆线路结构比例

（1）从各类供电区域来看：

1）A+类供电区中双射占比最高，占44%，单射比例为8.6%。

2）A、B、C类供电区中单环网占比最高，分别占36.2%、48.1%和38.3%；单射比例分别为6.6%、17.7%和33.5%。

3）D、E类供电区中单射占比最高，分别占56.8%和74.6%。

（2）从30个重点城市来看：

1）单射式。东部地区单射式所占比例较小，中部地区和西部地区单射式所占比例相对较高，其中单射式比例分布在10%～40%的有15个城市。

2）双射式、对射式。18个城市采用双射式，主要集中在东部地区；10个城市存在对射式，但分布较为分散。

3）单环式。29 个城市都存在单环式，所占比例超过 80% 的有 4 个城市，其中比例最高的城市达到 97%；所占比例分布在 60%～80% 的有 10 个城市；分布在 40%～60% 的有 5 个城市，分布在 20%～40% 的有 6 个城市。

4）双环式。19 个城市存在双环网，其中比例最高的城市达到 84%；6 个城市双环式的比例分布在 20%～50%。

5）N 供 1 备。10 个城市存在 N 供 1 备接线方式，但大部分城市的所占比例都不足 15%。

2.3　主要指标分析

2.3.1　分段与互联率

国家电网公司 2012 年 10kV 架空线路平均分段 3.4 段，电缆线路平均分段 3.2 段。10kV 电网平均互联率为 53.4%，城农网差距明显，其中市辖区为 81%，县级区为 36%，分别如图 2-12 和图 2-13 所示。各省级公司中，上海、天津、北京 3 个城市的 10kV 线路分段数与互联率最高。

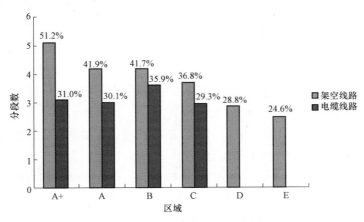

图 2-12　2012 年各类区域 10kV 线路分段数

2.3.2　转供能力

坚强中压配电网的真正价值大多体现在变电层和高压配电层。在很多输配电系统中，针对高压配电变电站发生的部分或全部停电而制订的事故预案，都包括

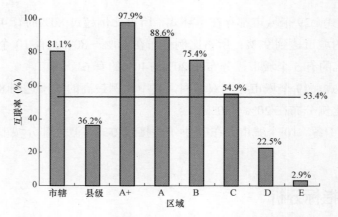

图 2-13 2012 年各类区域 10kV 线路互联率

将负荷转移到邻近变电站。若中压配电网转供能力强，则允许变电站内的变压器有较高负载率，同时减少变电站布点，解决市区落点困难问题。

中压系统的转供能力，是指峰荷条件下可被转移到由相邻变电站供电的最大负荷占本变电站最大负荷的平均百分比，同时要使馈线系统的电压与线路负荷维持在事故运行类的企业标准所规定的范围之内。

主变压器全停的转供能力是指峰荷情况下，当一台主变压器故障时，主变压器在满足应急负荷水平准则和电压准则的情况下通过中压系统能够转移到同一变电站或相邻变电站的负荷占该主变压器负荷的平均百分比。

变电站全停的转供能力是指峰荷情况下，当一座变电站故障时，变电站在满足应急负荷水平准则和电压准则的情况下通过中压系统能够转移到相邻变电站的负荷占本站负荷的平均百分比。

当前 10kV 配电网对高压配电网都有不同程度的支撑作用，根据 2012 年 30 个重点城市的统计数据，具体情况如下：

（1）1 台 110（66）kV 主变压器故障时，30 个重点城市都有部分变电站能实现负荷转移，只是满足转移条件的变电站座数比例不同。其中，12 个城市的所有 110（66）kV 变电站都能实现负荷转移，15 个城市可实现负荷转移的变电站座数比例在 70%～99%，其余城市可实现负荷转移的变电站座数比例分布在 48%～69%。

（2）1 座 110（66）kV 变电站故障时，30 个重点城市都有部分变电站能实现负荷转移，只是满足转移条件的变电站座数比例不同。其中，6 个城市的所有 110（66）kV 变电站都能实现负荷转移，4 个城市可实现负荷转移的变电站座数比例为 70%～99%，20 个城市可实现负荷转移的变电站座数比例为 20%～60%。

2.3.3　线路 N-1 通过率

线路负载率的允许值与其接线方式有很大关系，线路负载率和接线方式直接影响线路的 N-1 校核结果。截至 2012 年底，国家电网公司经营区内满足 N-1 要求的 10kV 线路条数占 43%，区域分布情况如下：

（1）从各类供电区域来看。市辖供电区和县级供电区的 N-1 通过率分别为 70.4% 和 26%，市辖供电区远高于县级供电区。分类供电区中，A+类区域最高，达到 94.4%；C 类区域较低，仅为 40.9%。10kV 线路 N-1 通过率较低，主要原因是辐射式网架结构所占比重较高，如图 2-14 所示。

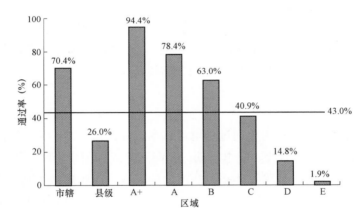

图 2-14　2012 年国家电网公司经营区 10kV 线路 N-1 通过率

（2）从 30 个重点城市来看。10kV 配电网的互带能力有待加强，为了使 10kV 配电网更安全可靠地运行，应对辐射式线路和转带能力不足的联络线路进行优化改造。具体情况如下：

1）架空线路。1 个城市的 N-1 通过率达到 100%；大部分城市分布在 80%～99%。

2）电缆线路。大部分城市的 N-1 通过率分布在 60%～99%。

2.3.4　线路最大负载率

截至 2012 年底，线路负荷分布不均，重负荷现象和轻负荷现象同时存在，但不管是架空线路还是电缆线路，轻负荷线路所占比例明显高于重负荷线路。主

要原因是为满足 $N-1$ 安全运行要求，一般采用联络方式供电，且多数为电缆线路，因此控制线路平均负载率低于 50%，同时由于重要用户供电充足性、可靠性要求高，相应配套线路容量裕度较大，且当前我国大部分城市正处于高速发展时期，大量新接入电力用户现状负荷正处在发展初期，负荷相对较小，但综合来看线路最大负载率主要集中在 21%～60%，负荷水平相对合理，也符合电网高安全裕度要求。建议采取积极措施，解决 10kV 线路重负荷和轻负荷的问题。

2012 年国家电网公司经营区 10kV 线路最大负载率情况如下：

（1）绝大多数城市的线路最大负载率平均值在 60% 以下，具有较强的输送裕度，但部分城市的线路最大负载率平均值较高，应结合不同接线方式合理运行状态下线路负载率要求，给出各种接线方式的线路重负荷标准，找出现状不满足线路负载率要求的线路，重点优先改造。

（2）大部分城市架空轻负荷线路比例在 30% 以下，重负荷线路比例在 20%以下；相对架空线路，电缆线路轻负荷线路比例较高，大部分城市轻负荷线路比例都在 60% 以下，重负荷线路比例都在 20% 以下。

2.3.5 供电可靠率

配电网的供电可靠性主要通过供电可靠率指标衡量。供电可靠率主要受供电能力、网架结构、装备水平、配电自动化和配网管理等因素影响，其中网架和设备是一次方面的因素，技术主要是二次方面的因素，而管理水平则贯穿于网架、设备、技术及可靠性各个方面。"十二五"期间来，国家电网公司供电可靠率整体上得到了较大改善，但城乡差异仍较大。

2012 年，国家电网公司市辖、县级供电区供电可靠率分别为 99.941%、99.735%。从分类供电区情况来看，A+类区域供电可靠率为 99.993%，户均停电时间为 38min，处于发达国家平均水平；A 类区域为 99.968%，户均停电时间为 2h；B 类区域为 99.930%，户均停电时间为 6h；C、D 类区域分别为 99.855%、99.768%，户均停电时间分别为 12h 和 20h；E 类地区最低，为 98.701%，户均停电时间为 113h。2012 年分类供电区供电可靠率如图 2-15 所示。

国家电网公司市辖供电区供电可靠率从 2005 年的 99.755% 提高至 2012 年的 99.941%，年平均停电时间从 21.46h/户减少到 5.19h/户，公司县级供电区供电可靠率由 2005 年的 99.382% 提高至 2012 年的 99.735%，年平均停电时间从 54.14h/户减少到 23.2h/户。

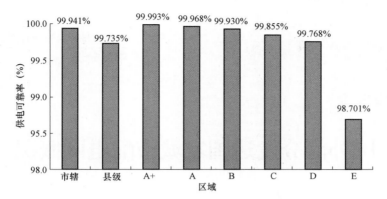

图 2-15 2012 年分类供电区供电可靠率

第 3 章

国外部分发达国家城市配电网概况

3.1 东京配电网概况

3.1.1 总体情况

东京电网由东京电力公司负责运营和管理,东京电力公司的供电区域包括东京都和 8 个县,供电面积为 39 504km²(日本的 1/10),供电人口为 4475 万人(日本的 1/3),年售电量为 2584 亿 kWh(截至 2015 年底),供电签约户数为 2945 万户(截至 2016 年底)。

2001 年,东京电网最大用电负荷为 5712 万 kWh,约占全日本的 1/3,其负荷分布情况见表 3−1。其中东京都市区最大负荷 14 010MW,面积 617km²,负荷密度 22.7MW/km²;东京都周边区最大负荷 28 860MW,面积 12 689km²,负荷密度 2.3MW/km²。当时东京电网负荷增长已基本饱和,1997~2002 年,东京电网负荷年均增长约为 0.6%,从 2001 年、2002 年开始,东京电网最大负荷呈下降趋势,截止到 2016 年夏季,最大负荷为 5331.9 万 kWh,冬季最大负荷为 4956.9 万 kWh。

表 3−1   2001 年东京电力负荷分布情况

区域	面积(km²)	最大负荷(MW)	负荷密度(MW/km²)
东京都市区	617(1.6%)	14 010(24.5%)	22.7
东京都周边地区	12 689(32.1%)	28 860(50.5%)	2.3
东京都外围地区	26 198(66.3%)	14 250(24.9%)	0.5
合计	39 504	5712	1.4

注 括号内为占全部的百分比。

3.1.2　城市电网

3.1.2.1　标准电压

东京电网电压标准包括 1000、500、275、154、66、22、6.6kV 和 415、240、200、100V，见表 3-2。其中：154kV 只出现在东京的外围，而 22kV 则在首都中心的负荷高密度地区采用；415、240V 为银座、新宿等超高密度地区中的低压标准电压；1000kV 网架目前降压运行。

东京电网结构为围绕城市形成 500kV 双 U 形环网，由 500kV 外环网上设置的 500/275kV 变电站引出同杆并架的双回 275kV 架空线，向架空与电缆交接处的 275/154kV 变电站供电，然后由该变电站向一方向引出三回 275kV 电缆，向市中心 275/66kV 变电站供电，每三回电缆串接三座 275/66kV 负荷变电站，然后与另一个 275kV 枢纽变电站相连，形成环路结构。标准频率为 50Hz。

表 3-2　　　　　　　　　　　东京电网标准电压

标准电压	1000kV	500kV	275kV	154kV	66kV	22kV	6.6kV	200/100V
市中心等 （地下供电 区域）								
周边地区 地方地区								

3.1.2.2　供电方式

东京电网根据供电合同和供电形式选择相应的供电方式，详见表 3-3 和表 3-4。

表 3-3　　　　　　　　　　根据供电合同的供电方式

供电合同	供电方式	适用条件举例
小于 50kW	单相三线式 电压：100、200V 三相三线式 电压：200V	一般家庭 小型公寓 小规模商店、办公室 小规模工厂
50~2000kW	三相三线式 电压：6.6kV 22kV（部分人口稠密地区）	中型公寓 中规模商店 中规模大楼、工厂等

供电合同	供电方式	适用条件举例
2000～10 000kW	三相三线式 电压：22、66kV	大规模大楼、工厂等
10 000～50 000kW	交流三相三线式 标准电压：66kV	摩天大楼、工厂、铁路等
50 000kW 以上	交流三相三线式 标准电压：154kV	

表 3-4 　　　　　　　　　　　**根据供电形式的供电方式**

系统种类	供电方式	适用条件
22kV 配电系统 （地下电缆系统）※	主线和备线的方式	有 22kV 变电站的东京市中心
	点网方式	有 22kV 变电站的东京市中心
	环网方式	有 22kV 变电站的东京市中心
6.6kV 配电系统	多分段、多联网的方式	标准适用
100、200V 配电系统	树枝状的方式	标准适用

※ 仅适用于东京超稠密地区。

3.1.2.3　22kV 电缆配电系统结构

东京 22kV 电缆网采用主线备用线方式、环形供电方式和点状网络供电方式三种接线方式，其接线方式如图 3-1 所示。三种供电方式都满足 $N-1$ 供电安全准则。

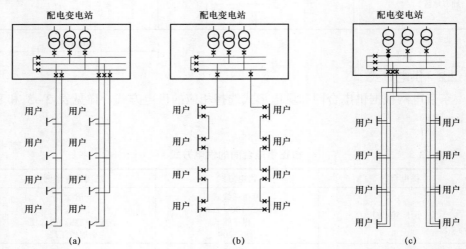

图 3-1　22kV 电缆网接线方式

（a）主线备用线方式；（b）环形供电方式；（c）点状网络供电方式

在主线备用线方式中,每座配电室双路电源分别 T 接自双回路或三回路中两回不同的电缆,其中一路为主供,另一路为热备用,满足了双电源用户的供电需求,如图 3－2 所示。两回路主线备用线的工作效率（22kV 线路正常运行时的负载率）为 50%,三回路主线备用线的工作效率为 67%。

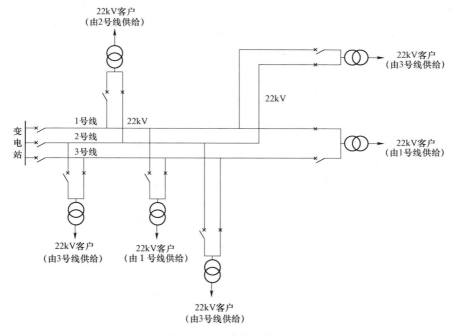

图 3－2　主线备用线方式

在环形供电方式中,用户通过开关柜接入环网中,满足了单电源用户的供电需求,22kV 线路正常运行时的负载率为 50%。

在点状网络供电方式中,每座配电室三路电源分别 T 接自三回路上的不同电缆,三路线路全部为主供线路,满足了三电源用户的供电需求,如图 3－3 所示。22kV 线路正常运行时的负载率可达到 67%。

3.1.2.4　6kV 架空配电系统的结构

东京电力采用的多分段、多联络方式如图 3－4 所示。

在图 3－5 中,以变电站为中心馈出的线路形成了蜂巢状供电方式,图中的三个扇区表明三条辐射状线路,在故障或检修时,线路的不同区段的负荷转移到相邻线路。

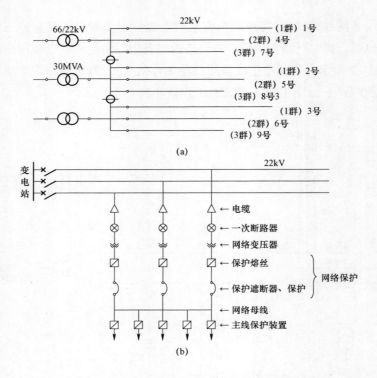

(a)

(b)

图 3-3 点状网络供电方式系统结构图和群的构成

(a) 系统结构图；(b) 群的构成

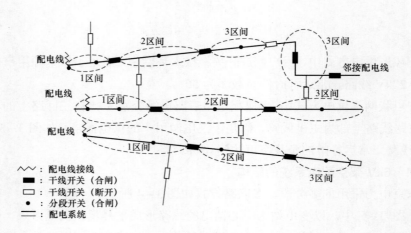

图 3-4 东京电力采用的多分段多联络方式

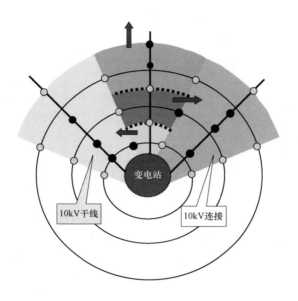

图 3-5　蜂巢状架空网（经纬环、放射环）示意图

6kV 架空配电线的事故运行方式，以 6 分段 3 联络为例（如图 3-6 所示），正常运行方式下单条馈线的额定电流为 510A，考虑到线路间负荷转供瞬时额定电流为 600A。

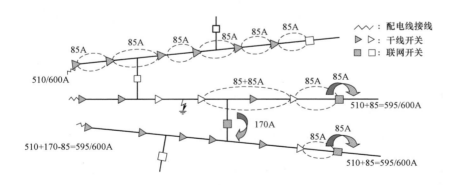

图 3-6　6 分段 3 联络电网事故运行方式

3.1.2.5　6kV 电缆配电系统的结构

东京电力采用的多分支、多联络方式如图 3-7 所示。

6kV 电缆配电线的事故运行方式，以 4 分支 2 联络为例，如图 3-8 所示，

3.1.4　供电可靠性水平

东京 1982～2016 年 *SAIDI* 和 *SAIFI* 指标如图 3－9 和图 3－10 所示，由图可知：

（1）东京的用户平均停电时间由 1982 年的 34min/户降低到 2008 年的 3min/户，某些年份用户平均停电时间和停电次数升高的原因，包括大雪、台风、东京大停电等；用户平均停电次数由 1982 年的 0.36 次/户降低到 2008 年的 0.12 次/户。

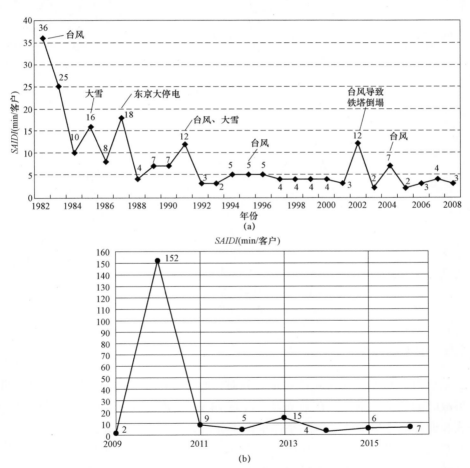

图 3－9　东京 1982～2016 年 *SAIDI* 指标

（a）1982～2008 年；（b）2009～2016 年

（2）2010 年和 2011 年，由于日本地震海啸引发的核泄漏事件，导致用户平均停电时间和用户平均停电次数升高。

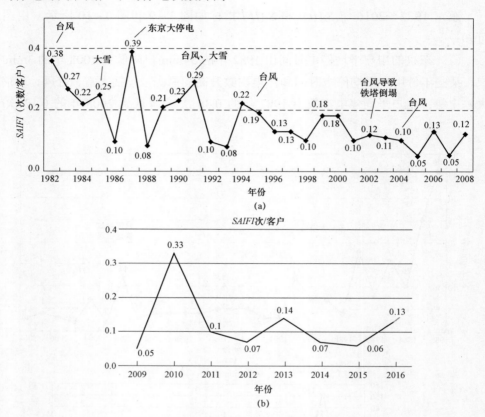

图 3-10　东京 1982~2016 年 SAIFI 指标

（a）1982~2008 年；（b）2009~2016 年

3.1.5　配电自动化

东京电力 6kV 架空配电线事故运行时，通过配电自动化系统确定事故区间，把事故时的停电范围控制在最低限度，其 6kV 架空配电系统多分段多联络接线方式和通过配电自动化系统缩小停电范围分别如图 3-11 和图 3-12 所示。

东京电力引进配电自动化后，短时间内可以恢复供电的户数增加，缩短了事故后的恢复时间，户均停电时间（SAIDI）得到了改善。具体效果如下：

（1）缩短了事故后的恢复时间，可快速向用户送电，提高了服务质量；

（2）省去了开关操作等现场作业，改善了运行人员的工作环境；

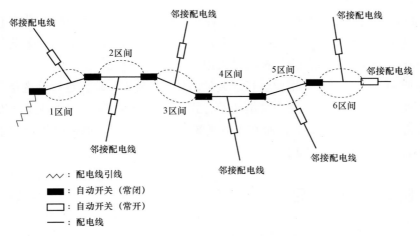

图 3-11　东京电力 6kV 架空配电系统多分段多联络方式

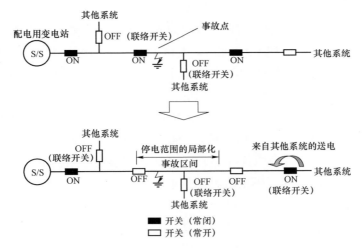

图 3-12　通过配电自动化系统缩小停电范围

（3）有效利用配电设备，提高了设备运转率。

3.1.6　不停电作业

　　目前，东京电力公司的带电作业在向不停电作业转变，复杂带电作业项目采取简单不停电作业方式处理，降低操作风险。东京电力公司将复杂带电作业转化为简单不停电作业，即采用切换系统停电施工、旁路电缆等作业方法，在最小范围内设法隔离作业区段进行停电处理并保持对用户的连续供电，将复杂的带电作业项目简化为小范围的不停电作业项目。东京电力公司根据现场情况和工作内容，不同现场使用不同的作业方法或多种作业法组合作业，实现配电线路不停电作业。其中切换系统停电施工法、旁路施工法、桥接施工法、施工用变压器或发电机（车）施工法等现阶段均在大量采用。

东京电力公司对带电作业进行了分类固化，任何工作均先进行筛选定型，能够选择带电作业的，基本采用带电作业方式，减少了施工等停电的范围和时间。带电作业方式多样、灵活，同时在工器具等方面，有多种提高带电作业方便性的工器具，值得我们借鉴引用。

3.2　巴黎配电网概况

3.2.1　总体情况

巴黎人口占法国的 18%、GDP 占法国的 28%、用电量占法国的 15%、发电量占法国的 1%。巴黎面积 1.2 万 km²，人口 1160 万，地区最大负荷 1290 万 kW；巴黎城区面积 105km²，人口 220 万，最大负荷 275 万 kW；巴黎市中心为商业区，外围为住宅区。巴黎电网主要电压序列为 400、225、20kV 和 400V。

2012 年，巴黎城网冬季最大负荷为 304 万 kW，夏季最大负荷为 200 万 kW，负荷密度为 29.0MW/km²，年用电量为 150 亿 kWh。巴黎城区每平方公里用户数为 14 580 个，每个用户平均负荷为 1.93kW。在巴黎用电结构中，工业用电仅占 7%，主要是第三产业和居民生活用电且市区负荷饱和，发展缓慢。巴黎城网最大负荷出现在冬季中午 12 点，日负荷一天有 2 个高峰，分别为中午 12 点（为商业用电高峰）和晚 19 点（为居民用电高峰）。

3.2.2　城市电网

3.2.2.1　电网概况

巴黎城网电压序列包括 400、225、20kV 和少量 12kV，巴黎郊外还存在部分 63kV。法国高压有 225、90、63kV，大城市采用 225kV，中小城市采用 90、63kV。中压为 20、15kV。巴黎城网采用 225/20kV 电压等级序列。

近 50 年时间，巴黎通过对中压电网进行改造，取消了其他等级，统一为 20kV。1976 年巴黎配电网 42% 为 20kV，58% 为 3kV 和 12kV，到了 1999 年，巴黎 98.5% 的配电网为 20kV，1.5% 为 12kV。

巴黎输电网采取 400kV 双环网，较为坚强可靠；225kV 电网及变电站接线基本采用线路变压器组接线方式，可靠性一般；巴黎城区 20kV 配电网打造为双环或三环网方式，并配置自动化设备，具有高可靠性，以中压电网高可靠性弥补高压电网的相对薄弱，形成强—弱—强的电网接线方式，使投资效益最大化。

巴黎电网规模为：159 座高压变电站（225/20kV），406 台主变压器（21 600MVA）；20kV 电网有 4315 回馈出线路、30 600km 地下电缆、5200km 架空线路（自 15 年前已不再新建架空线路）；低压电网有 43 500 座中/低压配电站、30 300km 地下电缆、11 900km 架空线路。

巴黎城区电网规模为：36 座高压变电站（225/20kV），56 台主变压器，100MVA 的主变压器 15 台，70MVA 的主变压器 41 台；20kV 电网有 980 回馈出线路，100km 电缆隧道，5000km 地下电缆（其中 1000km 在隧道内敷设）；低压电网有 5000 座中/低压配电站（5000MVA），4800km 地下电缆；中压客户 2000 个、低压客户 160 万个、供电量 13 400GWh，巴黎城区无中低压架空线路。

3.2.2.2　城区高压配电网

巴黎城区 225kV 配电网为放射状进线，一条 225kV 线路一般带两座变电站，最多带三座；变电站内没有进线开关和变压器开关，开关在线路对侧变电站。36 座高压变电站（225/20kV）分布在三个同心层上，每座变电站（配置单台 100MVA 或 2 台 70MVA）以 2 组或 4 组 20kV 集群馈电线路供电，并与同一层间变电站拉手互联，如图 3－13 和图 3－14 所示。巴黎从 1961 年实施中压由 10（6）kV 升压为 20kV。

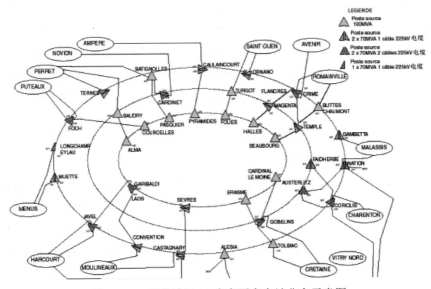

图 3－13　巴黎城区 36 座高压变电站分布示意图

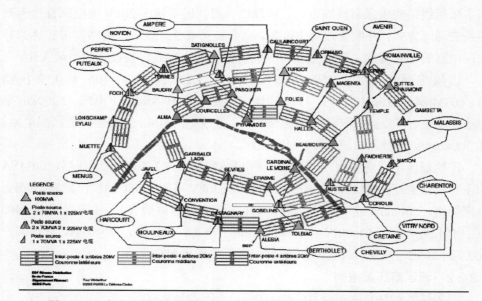

图 3-14 变电站间以 4 组或 2 组 20kV 集群馈电线路拉手互联供电示意图

3.2.2.3 中压配电网

（1）典型结构。法国 20kV 配电网结构比较清晰、简洁，全部为环网结构，根据负荷密度和可靠性需求分为双环网、城市单环网、农村单环网。配电变压器（含公用变压器和用户变压器）"嵌入"到配电网之中，配电变压器接入与配电网结构密切相关。

1）城区双环网：巴黎城区中压配电网以双环网结构为主，由两座变电站双射线电缆构成双环网，开环运行。每座配电室双路电源分别 T 接自双回路的不同电缆，其中一路为主供，另一路为热备用，只限于巴黎城市高负荷密度地区（小巴黎地区），如图 3-15 所示。

2）城市单环网：变电站间单环网，配电变压器开断接入，适用于巴黎之外的其他城市，如图 3-16 所示。

3）农村单环网：变电站间单环网，配电变压器 T 状接入，适用于非城市地区（城镇、乡村），如图 3-17 所示。

（2）城区中压配电集群方式。巴黎城区 20kV 配电网采用集群的方式提高中压电网的可靠性，每两座同一层间变电站（配置单台 100MVA 或 2 台 70MVA）相互以 2 组或 4 组 20kV 集群馈电线路拉手互联供电，如图 3-18 所示。

34

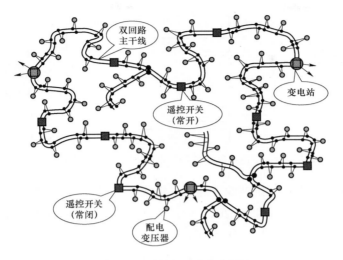

图 3−15   城区双环网示意图

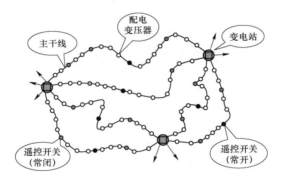

图 3−16   城市单环网示意图

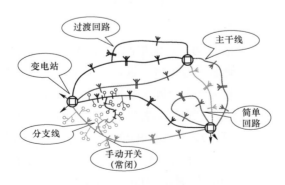

图 3−17   农村单环网示意图

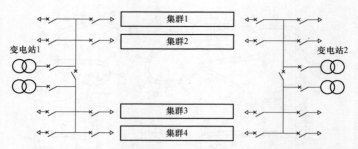

图 3-18　变电站间以 4 组 20kV 集群馈电线路拉手互联

1 组 20kV 集群由 6 条馈线（环网）组成，根据情况提供第 7 条馈线，即 G 线路，为大客户作备用，1 组 20kV 中压馈线集群如图 3-19 所示。中压馈线集群的变电站系统接线如图 3-20 所示。

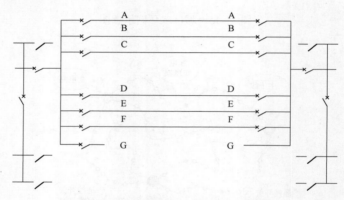

图 3-19　1 组 20kV 中压馈线集群

该中压集群接线方式，在输电线路或变电站（1 座变电站甚至 2 座变电站）故障下，中压电网结构可提供 $N-1$ 甚至 $N-2$ 的能力。上述以中压电网支撑高压电网形式仅限于巴黎城市配电网。

巴黎城网负荷分布比较均匀，且配电网中 20kV 线路和配电变压器容量裕度很大，巴黎 20kV 系统负载率仅为 40%。这样，配电网发生故障时，可通过负荷转移来解决，即 20kV 配电网可完全满足备用要求。因此，225kV 变电容量配置比较经济，巴黎 225kV 系统负载率为 72%，且高压网络接线简单，基于以上原因，巴黎城网结构简单、标准统一，供电可靠、方式灵活、事故操作简单。

中压大用户由 225kV 变电站的 20kV 大用户专线供电。20kV 线路供电半径小于 4km，其中市中心 2~3km，外围 4~5km。20kV 中压配电网为电缆网，电缆为 240mm² 铝线，其中性点接地方式为小电阻接地，最大电流控制在 1000A 以内。

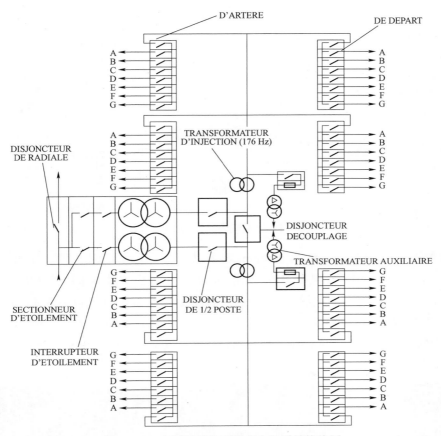

图 3 - 20　中压馈线集群的变电站系统接线图

3.2.2.4　城区低压配电网

1990 年之前，巴黎城区低压配电网为网格状、闭环运行，从 1990～2000 年将闭环改造断开，以前的联络予以保留备用，新建的线路均为放射式，不再做联络。因为网格状电网排除小的故障是有效的，但是随着负荷的增长，偶发的大故障会像多米诺骨牌状扩大。

低压配电网通常每 5 栋楼设 1 个连接箱，可接入应急柴油发电机，低压线路供电半径最大为 200m，如图 3 - 21 所示。

3.2.3　配电网设备

3.2.3.1　中低压电缆

中低压电缆 90%以上采用直埋敷设方式，电缆过街时，才采用预埋电缆保护

37

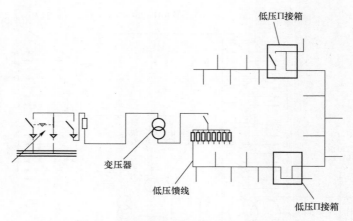

图3-21 巴黎城区典型低压电网接线

管的敷设方式，电缆埋深约为800mm，其上以钢板或玻璃钢盖板保护，如图3-22所示，巴黎共有100km电缆隧道，如图3-23所示。巴黎基本采用单芯集束绞合电缆，近20年来20kV电缆采用铝芯，干线截面积为240mm²（以前为150mm²），干线T接线截面积为95mm²，特殊情况下采用铜芯，线路装接容量一般控制在10MVA，最大为12MVA。较大容量用户（20~30MW）以专线配出。

图3-22 巴黎20kV电缆直埋敷设及过街穿管

3.2.3.2 中/低压配电室

由法国配电公司运行管理的中/低压配电室，电源采取1用1备方式，一般配置1台变压器，巴黎城区部分配电室配置2台变压器，单台容量为250~1000kVA，平均每座配电室容量1000kVA。用户配电室容量一般大于250kVA，巴黎城区用户配电室有2000座，典型中压/低压配电室接线如图3-24所示。

图 3-23　巴黎电缆隧道

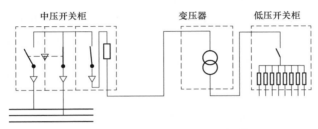

图 3-24　典型中/低压配电室接线

　　巴黎城区中/低压配电室有 40%建设在地下。巴黎地区配电室设备主要包括 20kV 环网柜、变压器、低压刀熔开关组、自动化终端和通信端子箱，巴黎地区配电室设备选型和技术功能方面注重简单实用，在建设标准方面注重降低成本，主要有以下四个特点：

　　（1）配电室空间相对狭小，所有高低压及自动化设备位于同一室内，高低压电缆均采用单芯集束电缆，且站内无电缆夹层。无低压开关柜，低压采用刀熔开关组；无自动化屏，自动化终端及蓄电池（2 只 24V，100Ah）安装于同一箱体内挂于墙上。

　　（2）配电室内环网柜无保护装置，通过自动化终端读取故障信号并实施遥控；目前，巴黎城区 5000 座配电室有 1000 座实现远方遥控功能，均采用光纤通信方式。

　　（3）配电室内 20kV 设备为全封闭全绝缘，变压器低压侧及低压刀熔开关组均有裸露带电部分，且变压器及低压刀熔开关组未设置安全围栏，站内特别是地下站内操作空间狭小，站内无模拟图板，仅有纸质系统运行方式图。在地下和公建一层建设的配电室均使用油浸式变压器。

（4）站内附属设施较少，电缆沿沟槽或墙壁敷设，未采用 36V 安全照明、电源箱、应急照明和通风装置，仅有墙上开关控制照明和自动化设备电源。站室门和墙一般安装有通风百叶窗作为站内通风降温手段，所有巴黎城区 2000 座地下配电室均具备远方水位监测装置。

3.2.4　配电网自动化

巴黎城区采用双环网（或三环网结构），如图 3-25 所示，开环点（红色方点）及区段点（蓝色方点）具有远程遥控功能，中/低压配电室主备 2 路电源电缆直接从主干电缆上 T 接，电缆故障时，配电室主供负荷开关在变电站开关跳闸 3s 后分闸，之后 5s 备用负荷开关合闸，恢复配电室供电，即通过设备自动装置完成，无需人为干预。当需要调整运行方式时，通过遥控方式远方拉合区段点、开环点开关或配电室内主（备）电源开关。主备线电源来自同站同母线，倒闸操作，先合后分。

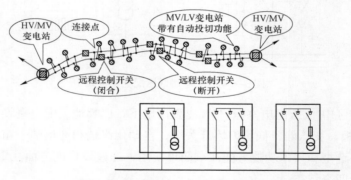

图 3-25　巴黎城区中压双环网结构

为进一步防范变电站火灾等事故，近年还在变电站出口增加开关，如图 3-26 所示的 OCRS，用以隔离变电站故障。安装有区段点的地下配电室环网开关及接线如图 3-27 所示。

巴黎在实施配电网自动化过程中注重简单实用，在数据提取上只是采集必需的数据，如电网故障数据、设备故障数据（电池、电动操动机构）；对自动化设备要求安装简易、少维护的设备。如其大量使用的 FTU 安装于环网线路的联络开关或分段开关，采用防误插座端子，配备长寿命、高可靠性、大容量的电池供电（满足大于 20h 的备用时间用于 SCADA 通信和开关 10 次的拉/合操作），对新装 FTU 能够由生产厂家提供简便的测试工具进行测试，满足安装快速、测试简便的要求。

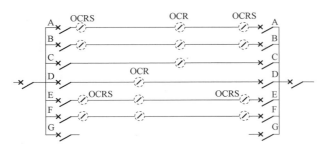

图 3－26　市区中压双环网遥控开关的配置位置

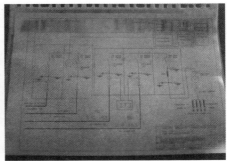

图 3－27　安装有区段点的地下配电室环网开关及接线图

法国配电公司还根据其地域配电网特点，充分考虑降低配电网自动化建设投资，大量配置具备通信功能的故障指示器，故障信息可以直接发送到 SCADA，快速锁定故障区段，缩短故障查找时间。同时此类设备安装周期、配置及人员培训等相对较快。所选用设备集成性、兼容性好，安装简便。线路开环点及区段点应用远程遥控功能，并配合应用故障指示器效果如图 3－28 所示。

3.2.5　供电可靠性及配电网发展规划

3.2.5.1　供电可靠性

巴黎各年的供电可靠性指标（含计划停电）为：2007 年平均停电时间为 10min，2008 年平均停电时间为 20min（高于 2007 年，主要由隧道起火造成），2012 年平均停电时间为 15min。

3.2.5.2　配电网发展规划

在未来 30 年内，巴黎城区负荷整体增长率约为 10%。2040 年冬季最大预测负荷为 3340MW，年均增速 0.5%。2015 年以后，巴黎内圈将趋于饱和，中圈略有增长，外圈增速较快。

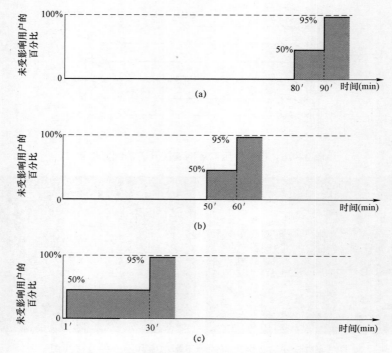

图 3-28　未运用与运用自动化手段效果对比图

（a）没有远程控制系统也没有线路故障指示器效果；（b）运用传统故障指示器效果；

（c）运用远程控制系统及故障指示器效果

　　为保证城区可靠供电，巴黎计划在未来 30 年内更换城区所有 3000km 纸绝缘电缆（运行均大于 30 年，最长达 80 年）。结合老旧电缆更新，法国配电公司（ERDF）设想对中压电网进行改造，提出了四种网架方案（详见图 3-29）。

　　方案 1：维持现有中压主干网架；

　　方案 2：将现有中压主干网架 6 条电缆减为 4 条或 5 条电缆；

　　方案 3：将中压主干网架由 6 条电缆改为 3 条，在中压电网 3 个圈之间纵向互联（形成所谓的鸟巢结构），以更好地抵御输电线路或变电站故障，配电变压器仍以双 T 形式接入，部分变电站之间有安全备用回路；

　　方案 4：类似于方案 3，但配电变压器以开断方式接入。

　　经过技术经济比较，ERDF 舍弃了现有中压主干网（6 回出线）构成的 3 圈结构，最终选择了方案 3，详见图 3-29 和图 3-30。新型电网结构具有以下特点：

　　（1）能够适应远景负荷增长；

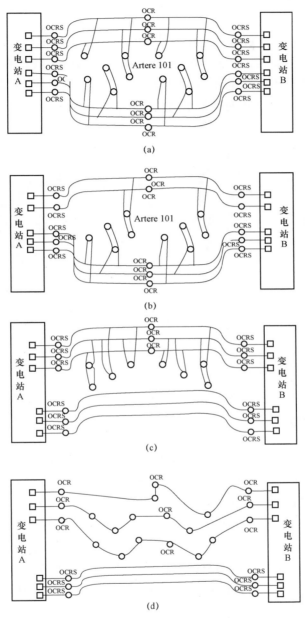

图 3-29　巴黎城区 2040 年配电网规划方案

（a）方案 1；（b）方案 2；（c）方案 3；（d）方案 4

（2）增强变电站之间的纵向互联，形成鸟巢结构，供电范围呈梅花状；

（3）取消现有冗余主干线路，新结构线路长度更短，降低了故障率，提高了供电可靠性；

（4）安全标准并未降低，同样满足输电网 $N-2$ 的要求。

不足之处是调度运行复杂，20kV 安全回路与法国输电公司（RTE）管辖的225kV 电网之间形成电磁环网，倒闸操作时的协调工作量较大。目前，有 3 个试点工程已经建成，2013 年对新型电网结构开展了全面评估。

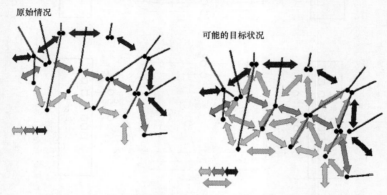

图 3－30　巴黎城区 3 个同心层 20kV 配电网架改造联络目标

3.3　伦敦配电网概况

3.3.1　总体情况

伦敦的行政区划分为伦敦城和 32 个市区，伦敦城外的 12 个市区称为内伦敦，其他 20 个市区称为外伦敦。伦敦城加上内外伦敦，合称大伦敦市。伦敦城面积为 1.6km²，大伦敦面积则达 1580km²。

伦敦电力公司始建于 1883 年，负责伦敦城市电网运营与管理。1998 年该公司用户已达到 196 万户，供应电力 420 万 kW。伦敦市的负荷密度分布不均，市中心商业区达 21.5MW/km²，目前负荷已趋于饱和。伦敦市在 20 世纪 60 年代发电和供电就已分开；20 世纪 80 年代后期市区小电厂全部关闭，市区内无电厂，主要依靠主网向伦敦市区供电。

3.3.2　城市电网

3.3.2.1　电网概况

伦敦城网电压序列包括 400、275、132、66、33、22kV 和 11kV。市区正在逐步取消 33kV 及 22kV 电压等级，目前只是在低负荷密度区使用。伦敦城市电网在城外形成 400kV 环型接线，从四周向城市供电，形成多点供电的 275kV 电缆网络。高压电网为环型接线，供电网络为辐射形，每个电源点都有 2～3 路进线，整个配电网络在地下，配电网有直供、环网、手拉手等多种形式。伦敦电力网架结构示意如图 3-31 所示。

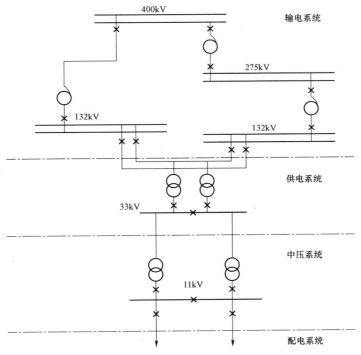

图 3-31 伦敦电力网架结构示意图

3.3.2.2 11kV 配电网结构

伦敦的 11kV 配电网经历了由 1941 年的单闭锁结构（系统 1）发展为现在的简单互联带有自动化的中压系统（系统 8），即系统 1：单闭锁（标准系统）；系统 2：分布式闭锁；系统 3：中压交叉；系统 4：中压交叉带低压熔丝；系统 5：简短互联；系统 6：放射型低压；系统 7：中压远方控制和低压互联；系统 8：简单互联带有自动化的中压。下面重点介绍一下系统 7 和系统 8。

（1）系统 7 为中压远方控制和低压互联，基本配置如图 3-32 所示，1 条中压出线的详细配置如图 3-33 所示。

1）该方案来源于 1993 年中压系统研究；

2）所有环网柜断路器（RMU CBs）都是在中压馈线故障时跳闸；

3）通过环网柜隔离故障段；

4）非故障段通过环网柜恢复供电；

5）中压电源恢复时环网柜断路器闭合；

6）建议今后使用空气断路器（ACBs），而不使用环网柜断路器；

7）应关注空气断路器的同步合闸能力和互联方案中的风险；

8）允许环网和辐射式的混合网。

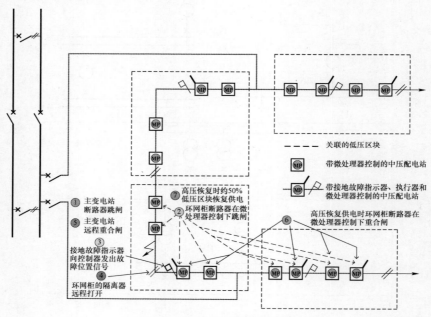

图 3-32　系统 7 基本配置图

（2）系统 8 为简单互联带有自动化的中压，其基本配置如图 3-34 所示。

1）配电网被分成更小低压街区；

2）每个街区包含 3 台或更少的配电变压器；

3）每个街区的低压简单互联；

4）每个街区可被看作是通过自动化开关分段的一个中压段；

5）馈线开关跳闸瞬间供电中断；

6）非故障段通过自动化恢复供电；

7）故障段通过第二阶段自动化恢复供电；

8）依靠低压互联来恢复故障区域所有用户的供电；

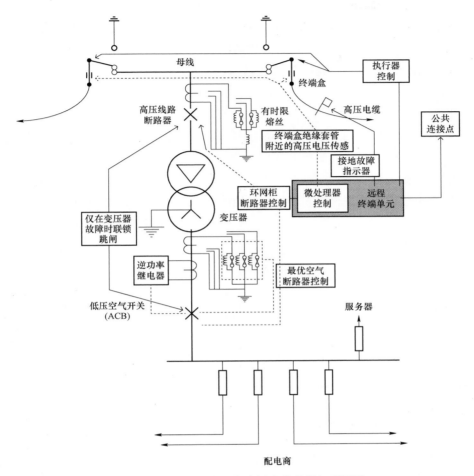

图 3-33　系统 7 中 1 条中压出线的详细配置图

9）目标是在 3min 内恢复所有用户的供电；

10）故障区隔离后的状态，正常开断点 NOP 关闭，主变电站断路器仍然打开，在自动分段点 ASP1 和 MP2 上反映故障电流；

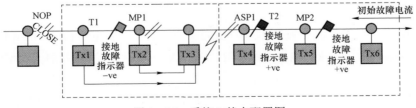

图 3-34　系统 8 基本配置图

11）ASP1 和 MP2 之间的 EFPI（接地故障指示装置）表示故障电流；

12）MP1 处的 EFPI 还没有看到故障电流；

13）第一阶段自动化是打开 ASP1（其上游开关 MP1 闭合）；

14）第二阶段自动化是打开 MP1；

15）闭合 NOP（常开开关）；

16）由于中压相间故障产生的反向潮流使 Tx3 跳开；

17）Tx1 和 Tx2 通过简单的低压互联承担 Tx3 的负荷。

3.3.2.3 设备选型

城市中压设备选型详见表 3－6。使用的电缆截面积有 240（主干线）、95mm² 及 35mm²（分支线），大部分为铝芯电缆，老电缆为铜芯电缆。

表 3－6 中压配电网设备选型

设备类型	截　　面
电缆	150～240mm² 交联聚乙烯
地下中压配电变压器	500～1000kVA
环网开关	油式、气体
断路器	油式、气体

3.3.3　供电可靠性水平

2008 年，伦敦的用户平均停电时间达到 38min/户，用户平均停电次数为 0.33 次/户。

3.4　新加坡配电网概况

3.4.1　总体情况

新加坡电网服务新加坡约 120 万电力用户，年最大供电负荷为 5624MW。电网分为 400、230、66kV 输电网络和 22、6.6kV 配电网络，其中输电网络变电站 99 座、开关 1553 台、变压器 313 台、电缆 5938km、电缆接头 23 472 个；配电网络变电站 9526 座、开关 37 062 台、变压器 13 469 台、电缆 22 895km、电缆接头 206 902 个。电网频率为 50Hz。

3.4.2　电网规划设计理念

新加坡电网的规划与监管理念是"在监管架构内取得最大经济效益",在规划中做到优化规划与及时审批、资产最大化使用、网络创新与新技术应用、符合法规和监管要求、客户与发电厂管理、负荷监测与电网分析,具体如图 3-35 所示。

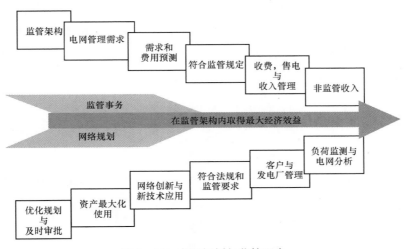

图 3-35　电网规划与监管理念

在 20 世纪 60~70 年代新加坡经济高速发展阶段,GDP 年增长速度达到 12%~14%,电力负荷的增长速度约达到 20%,电网规划建设的目标为尽快满足社会的用电需求,没有对电网规划建设做过多的经济分析,对电能质量的考虑较少。

现阶段新加坡电网已经进入稳定发展阶段,增长速度约为 4.1%,电网的规划建设转向以可靠、优质、经济为重点,对客户的服务重点由原来的制造业逐步转向了服务业。为节约成本、保证设备健康水平而引进了状态检测手段,有针对性地对电网设备进行更新改造;在全公司实施 EVA(经济增值效益)管理模式,最大限度地减少投资、减少运营成本。在电网规划工作中大胆采用新技术,通过方案对比,寻找出最经济的方案加以实施,在保证电网安全可靠运行的基础上,实现经济利益最大化。

3.4.3　电网规划技术原则

新加坡电网目前采用 400、230、66、22、6.6kV 电压等级供电,各电压等级规划变电站的布点是在充分了解电网用户发展需求的基础上，按不同电压等级、用电可靠性要求，确定变电站及网架的建设规划。

3.4.3.1　66kV 及以上输电网

新加坡电网 4 座 400kV 变电站（电厂）之间采取环网结构接线，230kV 电网采取 4 分区环网供电方式，每个分区内有 1 座 400/230kV 变电站，且有一定发电容量的电厂，分区之间配备较大容量备用联络通道，事故情况下可提供 500MVA 备用容量（1 台 400kV 变压器容量），66kV 采用上级电源出自同一座 230kV 变电站的小型环网接线，各环网之间配备有备用联络通道，新加坡 66kV 及以上电网结构如图 3-36 所示。

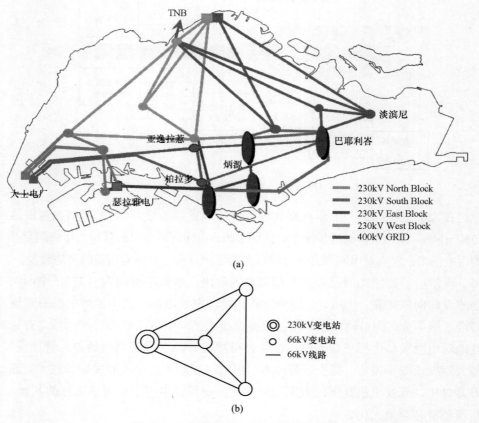

图 3-36　新加坡 66kV 及以上电网结构

（a）230kV 及以上电网结构；（b）66kV 电网结构

新加坡 400kV 变电站 400、230kV 侧母线均采用 3/2 接线，400kV 一期 4 串，终期 6 串，230kV 一期 6 串，终期 8 串，安装 4 台 500MVA 变压器；230kV 变电站 230、66kV 母线采用双母线双分段接线，230kV 进出线 3～8 条，66kV 进出线 12 条，安装 4 台 150MVA 或 200MVA 变压器；66kV 变电站 66kV 母线采用双母线双分段接线，66kV 进出线 3～4 条，安装 4 台 75MVA 变压器，22kV 采用 2 个单母线分段接线，22kV 进出线 40 条；22kV 及以上电网采用合环运行方式。上述设备均使用户内 GIS 装置。400kV 电缆采用 2500mm²，传输容量 1000MVA，230kV 电缆采用 2000mm² 和 630mm²，传输容量 500MVA 或 250MVA，66kV 电缆采用 1000mm²，传输容量 100MVA。

66kV 及以上电缆线路满足 $N-2$ 后不过负荷，主变压器和母线满足 $N-1$ 后不过负荷，各电压等级的电网安全可靠性系数较高，资金投入较大。

3.4.3.2　22kV 及以下配电网

22kV 配电网采用以变电站为中心的花瓣形接线，即同一个双电源变压器并联运行的变电站（66/22kV）的每 2 回馈线构成环网闭环运行，最大环网负荷不能超过 400A，环网的设计容量为 15MVA。不同电源变电站的花瓣间设置备用联络（1～3 个），开环运行。事故情况下可通过调度人员远方操作，全容量恢复供电。22kV 馈线采用 300mm² 铜导体交联聚乙烯电缆。花瓣式结构的 22kV 中压配电网和 22kV 典型电气接线图分别如图 3-37 和图 3-38 所示。

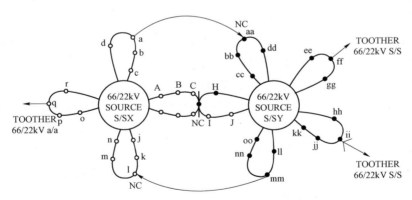

图 3-37　花瓣式结构的 22kV 中压配电网

当变压器台数在 3 台及以下时，母线不分段；当变压器台数大于 3 台时，22kV 母线采用单母线分段的接线方式。

新加坡电网 22kV 及以上电压等级设备均采用合环运行方式，未采用自动投切装置，发生单一故障不会造成用户短时间停电。

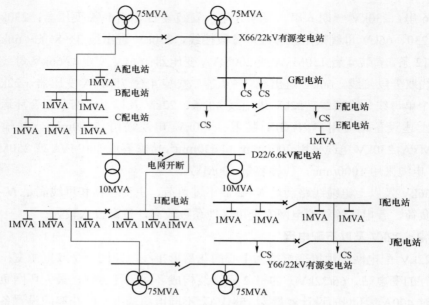

图 3－38 22kV 典型电气接线图

3.4.3.3 66/22kV 变电站接线方式

在 66/22kV 变电站中，75MVA 变压器并联且配对运行，在任何时间，2 个变压器所承载的最大负荷不超过 75MVA。22kV 母线采用单母线分段接线形式，分段开关没有装设保护和自投装置。变压器台数在 3 台及以下时，22kV 母线分段开关处于合闸位置，22kV 相当于单母线运行。当变压器台数大于 3 台时，22kV 母线组合成相当于单母线分段的接线方式。

3.4.3.4 22kV 配电网接线方式和保护配置

环网上配置断路器，主保护采用电磁式电流差动保护，利用导引电缆进行传输；保护装置简单可靠，导引线设置适应电缆的接入和电缆改造工程。后备保护采用数字式过电流及接地保护，并配备 SCADA 系统；事故情况下可通过 SCADA 系统实现远方操作，全容量恢复供电；至客户或变压器的支路采用过流和接地保护。

3.4.3.5 配电网设备类型和规格

中压开关设备采用 GIS 设备，采用西门子、ABB、阿尔斯通、MEIDEN 等国际知名品牌，正常运行寿命长达 30 年以上，高质量真空开关或气体绝缘开关柜，其 22kV 或 6.6kV 变电站（或称配电站）一段母线一般为 5 个开关间隔。

中压电缆规格选型标准化，中压主干电缆均选用 300mm² 铜芯电缆，配电变压器低压侧至低压屏的母线采用 6＋1 条截面 500mm² 铜芯单芯电缆。低压出线采用快速熔断器保护，并配备有故障指示器，低压出线总开关不带保护，低压主干电缆均采用 300mm² 铜芯电缆。低压屏一字形排列，考虑到低压为全电缆，没有配备无功补偿设备。

变压器全部为无储油柜的全密封油浸式变压器，容量为 1MVA 和 1.5MVA 两种型号。每个配变站的变压器一般为 2 台，每台变压器负荷最大为 50%，确保一台变压器出现故障时，另一台变压器可承载所有的负荷（一般不考虑全备用，但可通过低压环网转移负荷，或通过 1MVA 的发电机在事故时替代）。

（1）设备标准化，简化选型。简化设备选型，以减少工程、运行维修工作量，并考虑用电负荷远期接入容量，减少更新改造工作量。在新加坡电网发展过程中，有过因改造更新后的设备不能满足负荷发展要求，再进行改造的情况。新加坡立足超前发展的思路，将设备容量选择一次到位。

（2）配电网变电站土建提供主要依靠用户。配电室的设计和建设结合建筑设施共同建设。新加坡政府有不同容量应实施的供电电压等级及提供土建的规定。由用户提供土建，一般由供电公司出电气布置图，设计平面布置及设备选型均标准化，用户在建筑一层预留设备安装位置，供电公司提供电气设备并负责安装。电气资产归供电公司，土建归用户所有。

3.4.3.6　针对分布式电源的接入的探讨

针对用户分布式电源的接入问题，在短路电流限制、电源质量、继电保护等方面规范了相关要求。分布式电源总短路电流不超过 2.5kA；总谐波电压畸变率≤4%，奇次谐波率≤3%，偶次谐波率≤2%，电压波动和闪变率≤3%标准电压，电压不平衡负序单相电压率≤1，无直流灌注，分布式电源用户需考虑电压骤降影响；用户需保护本身的系统不受外界电网故障影响，分布式电源设计与运作不影响配电网操作，需有机组保护装置，需与新加坡新能源公司电网继电保护配合。

新加坡并不限制分布式电源对电网的反送电问题，但规定用户向系统反送电不得收取任何费用，如用户要以营利为目的向电网送电，需要得到监管局的批准。

3.4.4　供电可靠性水平

新加坡电网根据用户的重要程度进行可靠性分级，规范了不同等级用户的典型接线模式。新加坡电网管理不但能够满足新加坡政府监管要求，而且在国际电力企业同业对标中也名列前茅，尤其是用户年平均停电时间、停电次数等指标，均超前于国际上其他电力企业。图 3-39 为世界范围内主要地区用户年平均停电次数对比情况，新加坡电网公司仅为 0.01 次/户。

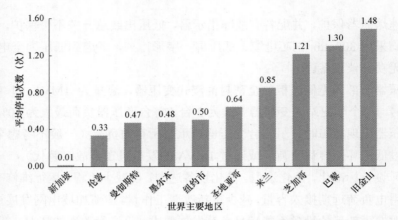

图 3－39　世界主要地区年平均停电次数对比

电网管理指标能够在国际同行业保持较大领先优势，固然有新加坡政府服务功能到位、社会文明程度较高、市场机制比较健全和电网规模较小、易于管理的客观原因，但主要原因还是新加坡电网公司在电网管理方面先进的理念、科学的方法和高效的执行。

3.4.5　检修策略

新加坡电网已成为世界上对状态监测应用最好的电网。推行状态监测的原动力是新加坡政府和用电客户对供电质量越来越高、价格越来越低的要求，目的是实时掌握电网设备健康状况，预防设备事故，改善设备质量，延长设备寿命，积累设备数据，减少运行成本。在大规模推行状态监测后，入网设备质量得到了保证，主设备检修停电周期和使用寿命明显加长，用户年平均停电时间发生了数量级的变化，从几分钟降低到了 0.5min。

在推行状态监测之前，新加坡电网监测的方式与公司变电站有人值班时期类似。但是这种监控方式做不到实时监控，且监控的范围和深度有限，因此只能依靠定期检修来保证设备的健康状况，当时电网管理 70%的精力要围绕检修维护来进行。推行状态监测后，对设备监测的范围和可以监控的故障类型大大增加，绝大部分设备问题都可以通过状态监测及时发现。

目前，新加坡电网状态监测手段应用仍然处在推进阶段，检修条件下的比例为 70%状态监测，30%检修维护。如果完全实现了状态检修，那么电网管理的资源分配比例可能还会进一步变化。

第4章

国内外配电网情况对比

4.1 网架结构对比分析

国内典型网架结构与东京、巴黎、伦敦、新加坡的中压配电网网架结构的对比详见表4-1，主要比较结果如下。

表4-1　　国内典型网架结构与4个国际大都市网架结构的比较

项目	网架形式	实现负荷转移	网架元件形式	故障处理负荷转移方式	故障电压跌落影响	用户接入影响	建设费用	改造费用	运行维护费用	占用社会走廊资源	适用投资方式
国内架空网	多分段多联络	本站/站间	柱上负荷开关/断路器	联络、分段人工或自动化	大	带电作业	低	低	低	较多	用户拉动、改造
	多分段单联络（变电站间）	站间	柱上负荷开关/断路器	联络、分段人工或自动化	大	带电作业	低	低	低	较多	用户拉动、改造
	辐射式	否	柱上负荷开关/断路器	甩故障段以下	大	带电作业	低	低	低	较多	
国内电缆网	单射式	否	环网柜	甩故障段以下	大	大	低	高	低	较多	
	双射式	馈线间	环网柜	用户倒闸	大	小	高	高	较高	多	
	对射式	馈线间	环网柜	用户倒闸	大	小	高	高	较高	多	改造
	单环网（开关站间）	馈线间	环网柜	联络人工倒闸	大	较小	较高	高	较高	较多	用户拉动、改造
	单环网（变电站间）	站间	环网柜	联络自动化／多分段人工倒闸	大	较小	较高	高	较高	较多	用户拉动、改造

续表

项目	网架形式	实现负荷转移	网架元件形式	故障处理负荷转移方式	故障电压跌落影响	用户接入影响	建设费用	改造费用	运行维护费用	占用社会走廊资源	适用投资方式
国内电缆网	双环网	站间	环网柜	联络自动化	大	小	高	高	较高	多	改造
				用户倒闸							
	N供1备（异站电源）	站间	开关柜	开关站自动化	大	小	高	高	较高	多	用户拉动、改造
东京22kV电缆	主线备用线	馈线间	电缆T接	联络、分段自动化	大	小	较高	高	较低	较多	
	环形	馈线间	开关柜	联络、分段自动化	大	较小	较高	高	较高	较多	
	点状网络	馈线间	电缆T接	联络、分段自动化	大	小	较高	高	较低	较少	
东京6kV	架空多分段多联络，如3分段3联络	本站/站间	柱上负荷开关	联络、分段自动化	大	带电作业	低	低	低	较多	
	电缆多分割多联络，如4分割2联络	本站/站间	环网柜	联络、分段自动化	大	较小	较高	高	较高	较多	
巴黎（电缆）	3环网T接	站间	环网柜	联络、特定	大	小	较高	较高	较低	较少	
			电缆T接	分段自动化							
伦敦（电缆）	多分支多联络	本站/站间	环网柜	联络、分段自动化	大	较小	高	高	高	少	
新加坡（电缆）	环网闭式（花瓣式）	本站/站间	开关柜	纵差保护	小	小	高	高	高		收取配套费

（1）国内架空线路采用的多分段多联络接线方式，与东京 6kV 架空网相类似，主要区别是东京在适当分段配置自动化以节省投资。

（2）国内电缆线路采用的单环接线方式，与东京 22kV 电缆网的环网供电方式相类似，主要区别是东京的环形供电方式为不同母线之间的单环，而我国一般为开关站或变电站之间的单环。

（3）国内电缆线路采用的双射接线方式，与东京 22kV 电缆网的主线备用线方式相类似。其中东京 2 回路主线备用线与我国的双射式基本相同；主要区别是东京三回路主线备用线,每座配电室双路电源分别 T 接自三回路中两回不同的电缆,其中一路为主供,另一路为热备用,提高了线路利用率,三回路主线备用线正常运行时的负载率可达到 67%。

（4）国内电缆线路采用的双环网接线方式与巴黎 20kV 三环网 T 接相似,主要区别是:

1）巴黎每座配电室双路电源分别 T 接自三回路中两回不同电缆,其中一路为主供,另一路为热备用,用户接入采用 T 接头,T 接头的使用寿命和电缆一样长；而我国多采用环网柜或开关站通过开关接负荷,虽然环网柜或开关站造价较 T 接头高,但运行较为灵活。

2）巴黎双回或三回线路来自同站同母线,倒闸操作,先合后分,在同侧双回或三回线同时故障的情况下可通过线路分段及联络开关自动切换实现负荷转移；而我国双回线通过环网开关接入负荷及环网,可选择联络开关和适当分段开关实施自动化,自动切换实现负荷转移。

（5）东京 6kV 电缆网多分支多联络与伦敦 11kV 电缆网采用的多分支多联络有点类似,但东京普遍使用多回路开关,一般为 4 分支 2 联络,而伦敦一般采用 2 分支 2 联络和 3 分支 2 联络。

（6）东京 22kV 电缆网采用的点状网络供电方式比较特殊,每座配电室三路电源分别 T 接自 3 回路上的不同电缆,三路线路全部为主供线路,满足了三电源用户的供电需求,22kV 线路正常运行时的负载率可达到 67%,目前国家电网公司系统内尚无该种接线方式。

（7）新加坡 22kV 电缆网采用花瓣形状的环网,闭环运行,采用导引线纵差保护,用户受故障时电压跌落影响较小,运行维护成本较高,与香港中华电力有限公司中压配电网的运行方式相似,国家电网公司系统内尚无该种接线方式。

4.2　配电线路选型对比分析

国内重点城市与四个国际大都市的中压线路主干线和分支线选型情况详见表 4-2 和表 4-3。我国电缆线路截面一般为 300mm²,东京一般为 325mm²、巴黎和伦敦均为 240mm²、新加坡为 300mm²。

表4-2　国内重点城市与四个国际大都市的中压架空线路选型比较表

城市名称	电压等级（kV）	架空线路类型	导线截面系列（mm²）
国内重点城市	10	铝芯或铜芯绝缘线	240、185、150、120、95、70
东京	22	铝芯或铜芯（沿海）绝缘线	100、60
	6	铝芯或铜芯（沿海）绝缘线	200、150、100、60
巴黎	20	—	—
伦敦	11	—	—
新加坡	22	—	—

表4-3　国内重点城市与四个国际大都市的中压电缆线路选型比较表

城市名称	电压等级（kV）	电缆线路类型	导线截面系列（mm²）
国内重点城市	10	交联聚乙烯铜芯或铝芯电缆	400、300、240、185、150、120
东京	22	单芯集束绞合交联聚乙烯电缆，铜芯	500（特殊用途）、400、325、250、200、150、100
	6	单芯集束绞合交联聚乙烯电缆，铜芯	500（特殊用途）、325、250、150、60
巴黎	20	单芯集束绞合电缆，铝芯	240、185、150、95
伦敦	11	交联聚乙烯电缆，铝芯或铜芯	240、150、95、35
新加坡	22	交联聚乙烯电缆，铜芯	300

4.3　技术水平现状对比分析

为了提高供电可靠性，国家电网公司系统广泛开展带电作业和用户不停电作业、发展配电系统自动化技术和状态检修技术等。与国外相比，提高供电可靠性的技术措施（如配电自动化、状态检修）在我国还处于试点阶段，没有得到大范围的推广应用。国内重点城市与巴黎、伦敦、东京和新加坡采用的提高供电可靠性的措施详见表4-4。

表4-4　国内重点城市与四个国际大都市为提高可靠性采取的主要技术措施

城市名称	提高供电可靠性的主要技术措施	使用情况
国内重点城市	带电作业、配电自动化、状态检修	带电作业大范围推广应用，配电自动化和状态检修处于试点阶段
巴黎	配电自动化（遥信、遥控）	大部分采用配电自动化
伦敦	配电自动化	大部分采用配电自动化

续表

城市名称	提高供电可靠性的主要技术措施	使用情况
东京	配电自动化、带电作业	大部分采用配电自动化、大范围采用带电作业和不停电作业
新加坡	配电自动化、状态监测	均采用配电自动化，70%采用状态监测，30%采用检修维护

4.4 可靠性水平对标

近 20 年来，世界各国，特别是欧、美及日本等经济技术比较发达的国家，由于电子技术高速发展，高度信息化设备广泛应用和普及，以及社会的现代化推动，城市电网供电系统不断向综合自动化的方向发展。同时，供电可靠性水平已达到了相当高的程度。

据统计，1995 年美国、英国、法国和日本的用户平均停电持续时间分别为 98min/（户·年）、80min/（户·年）、69min/（户·年）、6min/（户·年）。在发达国家中，尤其以日本东京的可靠性水平最高，可靠性管理工作成效显著。1982 年东京电力公司用户平均停电时间为 122min/（户·年），相当于供电可靠率为 99.976%，到 1995 年下降为 5min/（户·年），相当于 99.999%。

图 4−1 和图 4−2 分别为日本东京电力公司历年用户平均停电频率和平均停电时间。

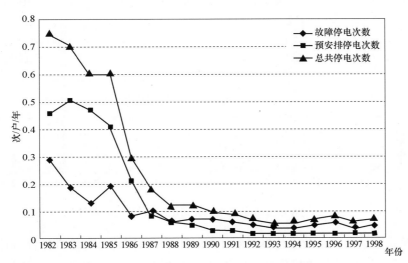

图 4−1 1982～1998 年日本东京电力公司配电系统年停电频率变化趋势（一）

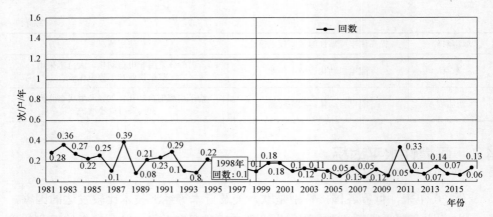

图4-1 1982~1998年日本东京电力公司配电系统年停电频率变化趋势（二）

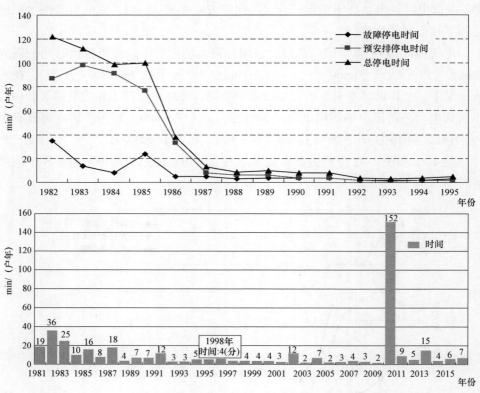

图4-2 1982~1998年日本东京电力公司配电系统年停电时间变化趋势

与国外先进供电企业进行指标对比时，需要考虑国内外可靠性指标统计与管理上的区别。国内外供电可靠性实际统计口径主要存在可靠性的统计方式、计划停电以及对重大事故的考虑等差异。目前，我国的供电系统可靠性统计主要基于中压用户，与挪威、芬兰等北欧国家相似。英国、法国、日本等国统计和公布的可靠性数据大多数不包含计划停电，我国在与这些国家进行指标对比时，也需将预安排停电剔除。此外，国际通常使用的可靠性指标为 $SAIFI$、$SAIDI$、$CAIFI$、$CAIDI$，分别对应国内的 $AITC$、$AIHC$、$AITCI$、MID。除指标对比之外，还应借鉴国际先进供电企业的成熟经验。

　　由于新加坡、伦敦、巴黎和东京的可靠性统计指标没有考虑计划停电，因此在和国内四个直辖市及银川市辖区 2012 年的供电可靠率指标进行对比时（详见表 4-5），应扣除预安排停电影响才有比较的价值和意义，同时也应注意到国内可靠性指标统计方式是基于中压配电变压器的，而四个国际大都市是基于自然用户的。

表 4-5　　　　国内四个直辖市及银川市辖区与四个国际大都市的
供电可靠性水平对比（2012 年）

城市名称	用户平均停电时间（min/户）	用户平均故障停电时间（min/户）	用户平均预安排停电时间（min/户）	是否考虑计划停电
新加坡	0.5	0.5	—	否
东京	5	5	—	否
巴黎	15	15	—	否
伦敦	38	38	—	否
北京	57	16	41	是
天津	57	38	19	是
上海	58	10	48	是
重庆	140	13	127	是

　　注　东京电力公司经营区范围 3.95 万 km²；巴黎市区（小巴黎）范围 105km²；北京、上海、天津、重庆为市辖区范围。

　　（1）在国内四个城市中，北京、天津市辖区的用户平均停电时间最短，均为 57min/户，上海市辖区的用户平均停电时间为 58min/户。由于未扣除预安排停电影响，其与国际先进水平（新加坡等）差距较大。

　　（2）考虑扣除预安排停电影响后，上海、重庆、北京市辖区的用户平均故障停电时间分别为 10、13、16min/户，优于伦敦 38min/户。

　　综上所述，我国供电可靠性与国际先进水平间的差距主要在于预安排停电影响，所以应加强停电管理，尽量减少预安排停电次数和停电时间。

从重点城市来看，2011 年上海城市（市中心＋市区）用户平均停电时间与国际发达城市的用户平均停电时间的对比如图 4-3 所示。仅考虑故障停电时间，上海的用户平均停电时间在 15min 以内，跻身于发达城市的前列，如果考虑预安排停电，上海城市用户平均停电时间已达到 88min。因此，在加强网架建设、合理减少故障停电时间的同时，应加强停电管理，尽量减少预安排停电次数和时间。

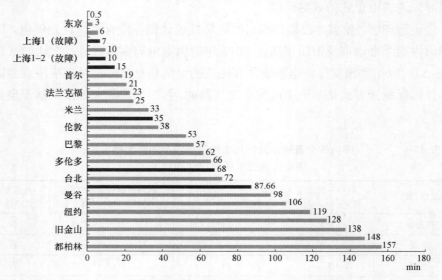

图 4-3 国内重点城市与国际发达城市的供电可靠性水平对比

4.5 国际大都市配电网的实践经验

4.5.1 东京

（1）在配电自动化方面，在保证供电可靠性的情况下，力求投资最小，例如东京 6kV 架空网采用的 3 分段、6 分割，即虽然一条中压线路有 6 个分段，但只有 3 个分段配置了自动化开关。引入配电自动化后的效果主要有以下三方面：

1）缩短了事故后的恢复时间，快速向用户送电，提高了服务质量；

2）工作环境的改善，省去了开关操作等现场作业，改善了运行人员的工作环境；

3）设备的有效利用，提高了运转率，可有效利用配电设备。

（2）广泛推广带电作业和不停电作业，形成了《带电施工法》和《不停电施工法》，《带电施工法》对带电施工的装配等进行了详细规定，自从 1985 年实行《不停电施工法》后，户均施工停电时间从 34min 降到了 2min。

4.5.2　巴黎

（1）中压配电网接线。巴黎城区配电网采用双环网结构，已经具备能够抵御两座变电站同时故障的小概率风险能力，供电可靠性已名列世界前茅。但是法国配电公司仍在考虑完善配电网架结构，值得我们学习。

（2）中压电缆线路。巴黎 20kV 电缆线路分接负荷（法国配电公司及用户的配电室）采取 T 接方式，节省环网开关，减少电缆迂回，但对电源的管理要求较高。电缆线路基本为直埋，有利于提升载流能力，但是巴黎控制城市开挖较严格，并且电缆线路已形成双环网，故障后可及时恢复供电。巴黎（及欧洲）普遍采用单芯集束绞合电缆，便于施工、处理故障及连接负荷开关。

（3）中/低压配电室。巴黎城区法国配电公司管理 5000 座中/低压配电室，其中 40%建设在地下，低压供电半径不大于 200m，配电室高、低压设备选型简单实用，配电变压器多为单台运行，不考虑变压器的 $N-1$，可降低备用容量，新建低压设备无联络。

（4）配电网自动化。巴黎地区配电网自动化主要应用于中压电缆线路，单环网、双环网和三环网线路的分段点、联络点配备自动化功能，主要用于故障快速定位、隔离，快速恢复非故障段线路供电，目前配电网自动化已经成为巴黎中压配电网运行管理和故障处理的有效手段，并发挥了重要的作用。

巴黎配电网自动化的建设和应用有以下方面值得我们借鉴：

1）配电网自动化应用方式、功能和配电网的结构紧密相关，巴黎中压配电网主要为单环网或双环网开环运行，具备从两个不同方向即两座变电站供电的条件，自动化手段可将无故障段供电恢复时间较大幅度提高。

2）巴黎自动化设备功能简单实用，主要为 20kV 开关柜遥信、遥控、蓄电池异常等，变压器和低压设备未与自动化设备连接。

3）巴黎地区配电网自动化在按计划逐步推进的过程中，同步开展配电网自动化的应用，即建设、应用、维护同步开展，值得公司借鉴。

4.5.3　伦敦

在英国 11kV 电网中很少采用配电室，即超过 1 台变压器的配电室很少，仅在个别高负荷密度区采用两台 1000kVA 变压器。旧一些的系统采用环网柜，由 2 个分段开关和 1 个熔丝开关组成一个复合单元。新安装的系统，其环网柜只有 1 个回路断路器并直接安装在变压器 11kV 侧。

在伦敦中心地区，大部分箱式变压器安装在用户处所，在某些情况下安装在路面下。由于在许多情况下箱式变压器直接给相关的场所供电，这样做就很方便。这种类型的布置满足向场所提供足够联络和支撑临近地区低压网的双重标准。一个融入用户建筑的箱式变压器需要许多设计方面的考虑，包括 24h 人员和设备的进入，获得足够的通风以及布置合适的电缆通道等。

4.5.4　新加坡

（1）以价值创造推进电网管理。在新加坡电网公司的"一个方向"中，"可靠性"和"质量"是对电网管理业绩的基本要求，"效率"是电网管理取得效益的保证，而"回报"是企业运营管理的最终目标。要使电网管理的具体行动处处体现出对经济效益增长的支持，不能仅仅依靠员工对"一个方向"的理解和自觉性，还必须用有能够将经济效益与电网管理行为紧密结合的推动力，使电网管理行为从"以专业要求为中心"走向市场经济化。在新加坡电网公司，这一推动力是对经济增加值的分解以及对"价值创造"的管理。

经济增加值的概念被很好的应用到了新加坡电网管理之中。每一个部门都要根据使用成本的多少按照一定比例完成相应的经济增值。

（2）检修策略。新加坡电网从约 10 年前开始启用状态监测的手段，3 年前开始大力推行，目前是世界上对状态监测应用最好之一的电网。推行状态监测的原动力是新加坡政府和用电客户对供电质量越来越高、价格越来越低的要求，目的是实时掌握电网设备健康状况，预防设备事故，改善设备质量，延长设备寿命，积累设备数据，减少运行成本。在大规模推行状态监测后，入网设备质量得到了保证，主设备检修停电周期和使用寿命明显加长，用户年平均停电时间发生了数量级的变化，从几分钟降低到了 0.5min。

（3）配电网合环运行。新加坡电网 22kV 及以上电压等级设备均采用合环运行方式，均未采用自动投切装置，发生单一故障不会造成用户短时间停电。

第 5 章

基于供电可靠性的馈线系统规划方法

5.1 馈线规划目标和约束条件

5.1.1 规划目标

基于可靠性的馈线系统规划方法是一种具有现代规划理念的方法,它除了需要满足基本的电气性能外,更加追求可靠性和经济性的最优,并将其作为规划的主要目标。规划人员进行配电网规划时需要权衡如下四个目标:

(1)经济性最优。规划馈线系统要具有整体协调性和布局灵活性,在实现供电可靠性目标的情况下,系统的总费用应当尽可能低。

(2)电气性能必须足够好。系统必须在电气和载荷水平范围内运行,满足所有客户的用电需求与电能质量要求。

(3)供电可靠性必须维持在可接受的范围内。

(4)良好的事故支持能力。规划馈线系统要具有良好的事故支持能力,即良好的馈线分区和事故支持容量,及可切换的事故支持路径。发生停电时,在进行维修之前必须要有合理的方法恢复供电,减少停电持续时间,提高供电可靠性。

5.1.2 约束条件

基于可靠性的馈线系统规划方法虽然没有安全准则的硬性约束,但仍会受到基本的电气性能约束和可靠性目标约束。

(1)可靠性目标约束。可靠性目标是基于可靠性馈线系统规划的基准约束条件,在选择导线截面、网络结构、分区切换方式、负荷转供能力时,都首先要满足可靠性规划目标要求。

(2)容量的最大限值约束。变电站的变压器、开关及各类不同截面的导线容量都是有限的，规划负荷均不能超过上述设备的最大容量，这一约束条件保证了规划系统的安全性和可行性。

（3）电压降限值的约束。电压水平和电压稳定性是保持良好供电质量的基本要素，良好的供电质量受到电压降限值的约束，即输送一定载荷的供电距离要满足馈线电压降及其变化范围都不能过大。

5.2 馈线系统规划的步骤

基于上述规划目标和约束条件，可将基于可靠性的馈线系统规划方法总结为以下 8 个步骤。

（1）制定规划原则。规划首先要制定与供电区域实际情况相适应的原则，主要包括以下方面：

1）根据供电区域可靠性需求制定供电可靠性目标；

2）确定馈线系统的转供能力，即馈线系统对变电站层级的事故支持能力；

3）依据供电区域负荷情况、经济性和事故支持需要，选择导线截面；

4）制定预想事故分析策略，确定线路转供方案；

5）确定单馈线的布局，包括确定馈线路径、单馈线结构类型（大主干、多分支）、每个可切换分区的负荷量以及保护区段的范围等；

6）确定分段和保护的原则。

（2）确定馈线的数目。只考虑线路的容量约束以及停电时的影响范围（可靠性约束条件），不考虑工程准则或设计目标，确定馈线的数量。

（3）制定使线路总长最短的初始规划方案。线路总长指在一定时间内需要建设的所有线路长度之和。在馈线系统规划初始阶段，可以先不考虑导线截面来规划线路路径，并充分利用斜向或非网格线路路径来缩短线路长度，使线路总长度最短。

（4）确定馈线的主干线和分支线路径，并确定正常运行条件下的潮流模式。采用逐条馈线规划的方式确定主干线和分支线路径（大主干或多分支结构），然后确定常开点和联络线路，以确定潮流模式及线路型号，从而规划设计出了馈线的网络结构。

主干线和主要分支线都是馈线的一部分，其作用是将电力输送到其他线段，在已经最小化路径的布局中，可适当用大截面导线来加强主干线和主要分支线（步骤 7），以便将负荷集中并减少其他分支，从而尽可能地减少输送潮流与输送距离的乘积（单位为 MV·km）总和。

（5）线路切换规划和预想事故规划。通过步骤（3）、（4），规划人员将整个馈线系统路径模式分为一组馈线区域，这些区域是可转供的事故备用分区和预想事故切换方案。通常，需要根据可靠性目标对步骤（4）、（5）进行反复分析。

（6）选择导线截面或型号。在确定了馈线的主干线和分支线路径，并进行潮流计算后［完成步骤（3）、（4）］，就可确定导线截面。潮流计算是为了确保线路具有良好的电压特性，如果在步骤（1）和步骤（3）中已经正确地评估了负荷距离，就可以不进行潮流计算。

（7）提高主干线和分支线的事故支持能力。可靠性评估与分析用于校验预期的可靠性和运行中的问题，潮流计算用于校验并且调整导线截面、设备（开关）容量等；完成短路以及保护的协调以确保分区的协调。

（8）从长期需求角度进行规划方案校核。从配电网长期发展需求方面，确认规划的馈线系统是否满足以下两点要求：

1）用较低的费用获得较满意的馈线系统可靠性；

2）具有满足未来可能出现的负荷增长或需求变化的灵活性。

若不满足，则需要对以上相应步骤的内容进行适当的修正。

5.3　馈线系统可靠性设计的总体过程

基于可靠性的馈线系统规划方法的重点内容就是对于馈线系统可靠性的设计，包括确定常开点在系统中的具体位置、主干线或重要的分支线等。具体设计过程如下：

（1）制定一个不考虑容量的线路布线方式，其具有满足不同转供需求的可切换分区和备用路径。

（2）确定线路和开关的容量，以便潮流计算，以此校核所选择的网络结构和容量是否能够充分满足安全运行准则。（1）、（2）完成了馈线系统的分区切换规划。

（3）然后进行线路分段设计，线路分段在某种程度上是与网络结构和容量相互影响的。线路分段过程通常要反复进行，要考虑对开关位置、保护位置进行微调等。

（4）根据可靠性需求确定开关切换时间，如可把重合闸作为快速切换开关或使用配电自动化提高切换速度。

图 5-1 为基于可靠性的馈线系统总体设计过程，图中阐明了基于可靠性的配电网规划过程及其与某些因素的相互作用。为了适应后续步骤中出现的约束条件，有时不可避免地需要对前面的工作进行调整，这样有可能降低整体工作量。

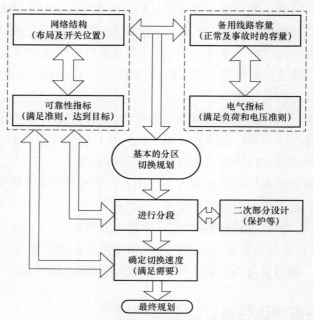

图 5-1 基于可靠性的馈线系统总体设计过程

5.4 馈线系统关键要素

5.4.1 单馈线结构布局

单馈线是馈线系统最基本的要素，对单馈线结构布局的规划（包括分支线和路径）是进行详细分区和设定备用线路路径的基础。

单馈线基本布局包括大主干线和多分支线两类，如图 5-2 所示。在实际应用中，大部分线路采用的是这两类的混合式布局，既有较大截面的大主干线又有中等截面的分支线，负荷则综合考虑容量和距离因素灵活接入。

从规划和设计角度考虑，大主干线和多分支线这两类单馈线布局方式在电气性能和经济性上不存在优劣之分，其选择应视具体条件而定。大主干方式布置的开关设备相对较少，现场容易恢复，因此运行更简单，多分支线方式则能够设置更多的分段，以将故障区域隔离的更小。

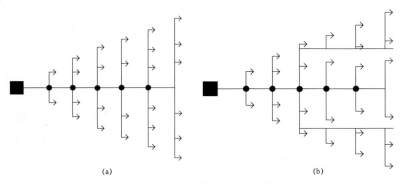

(a)　　　　　　　　　　　　　　(b)

图 5-2　单馈线结构布局示意图

(a) 大主干线方式；(b) 多分支线方式

5.4.2　馈线容量（馈线导线截面选择）

容量是指馈线路径上所能承载的电流（负荷大小）和电压降（供电范围）以及开关的额定值，馈线系统导线截面的选择首先要考虑"载荷经济性"，即在满足电压降准则的基础上，经济的将电力输送到足够远的距离；其次应考虑具备充足的备用容量，在事故情况下，要在至少满足电压降准则下限的条件下，满足分区负荷转移的载流量需求，此时应考虑导线"热稳定载荷"供电方式。

国内的导线截面选择方法"经济电流密度法"即是综合考虑了电压等级、载荷供电距离和经济性之间的关系，确定导线截面经济选型的方法，与考虑"载荷经济性"的馈线导线截面的选型方法类似。该方法根据不同的条件计算出多种导线截面需求，但在实际的馈线系统中，仅会选择少量的导线型号和截面，这是因为如果导线的型号和截面选择过多，会增加管理和采购费用，还会增加配件的费用和失误的可能性。因此，国内馈线系统无论规模大小，对于架空线，都只选用3～6 种截面；对于电缆，只选用 3、4 种截面。

5.4.3　分段和保护

分段和保护是馈线系统在隔离故障或受损设备时控制停电范围的主要方式。在馈线系统发生故障时，合理的馈线系统分段和保护设计，可以将故障点或故障设备隔离，尽可能减少因故障导致的停电范围及相应的客户数，保证馈线系统的可靠性。

理想情况下，用户数一定，馈线系统分段数越多，则每段所带的用户数越少，发生故障时，隔离的范围和影响的用户数越少，但分段数越多，投资费用也会越高。如何既可靠又经济的确定馈线的分段方式是基于可靠性馈线系统规划研究的一个重点。

5.4.4 联络方式

馈线系统联络是供电恢复和负荷转带的通道，直接影响着馈线系统故障状态下的切换能力，发挥着提高供电可靠性和加强系统供电能力的关键作用。通过联络方式的优化，合理配置馈线系统的切换能力，可恢复由于馈线层级甚至变电站和高压配电层级的停运而导致的停电问题，从而缩短停电时间。

要想获得优化的联络和合理的切换能力，需要合理的安排馈线及其相邻馈线的结构（路径和开关位置），并保证系统有充足的备用容量（馈线和变电站），以实现事故过程中的网络重构。

5.4.5 开关选型

馈线系统中常用的开关装置有以下四类：

（1）断路器。断路器既可以切断正常的工作电流，又可以切断故障条件下的大电流，所以主要用于切断故障线路以及闭合故障线路，可用于重合闸操作以及用于包含若干断路器的快速序列操作的保护方案。断路器一般安装在变电站、发电厂的开关站，其设计所使用的电压范围很广，额定故障电流等级也很多。

（2）负荷开关、隔离开关。负荷开关是一种连接设备，可用于开断或闭合回路，不能用于遮断故障电流，大部分负荷开关根据划分等级而确定所能开断和闭合的最大负荷电流。隔离开关不能开断或闭合电流，只有在回路不带电时才能操作。

（3）熔断器。熔断器内含熔丝，故障时通过熔断熔丝来切除故障电流。与断路器相比，熔断器的优点是成本极低、尺寸小，而且不需要常规维护，响应时间短；缺点是只能使用一次，而且熔断之后需要人工更换，不能实现重合闸功能。

（4）重合器。重合器是一种断路开关，相对于变电站用的较大遮断容量的断路器，重合器的遮断容量较低，其质量轻、结构紧凑，可安装在馈线回路上。

分段开关采用重合器或柱上断路器时操作简单，适用于长线路，如果线路较短，则有可能发生越级跳闸问题，导致停电范围扩大。短线路分段开关使用重合器或柱上断路器，需要采用差动保护。分段开关采用柱上负荷开关，对于线路长度没有要求，但操作稍复杂，需人工去现场查找及隔离故障，停电时间较长。通常柱上负荷开关比重合器或柱上断路器价格低。

5.4.6　开关切换时间（非故障段恢复时间）

为提高馈线系统的供电可靠性，在发生故障停电时，常采用"先恢复再检修"的方法，即通过系统的开关设备先隔离故障，恢复非故障段的供电，然后再对故障段进行检修。其中，非故障段恢复供电的时间即为开关切换时间，其长短主要取决于馈线系统的结构和容量所决定的事故支持能力，以及系统的自动化水平。因此，在规划设计中，开关切换时间的设计要放在分段、联络设计和导线容量选择等网架规划之后进行，自动化水平则要根据减少预期停电时间的需求来选择。

5.4.7　关键要素对供电可靠性的影响

馈线系统的各关键要素不同程度地影响了馈线系统的停电次数、每次停电持续时间和停电影响用户数，从而影响了系统供电可靠性的三个重要指标系统平均停电频率（SAIFI）、系统平均停电持续时间（SAIDI）和短时平均停电频率（MAIFI）。

（1）线路分段。合理的分段可以减少停电范围，即减少由于停运所造成的停电客户数，是减小系统平均停电频率（SAIFI）指标最直接、效果的方法。另外，改变线路分段也会影响系统平均停电持续时间（SAIDI）指标，缩小停运范围、故障查找的时间和范围，以及与馈线相关的 SAIDI 指标。线路分段对可靠性的影响只体现在馈线层，对于高压配电层或变电站层的停运或故障相关的可靠性基本没有影响。

（2）联络和馈线容量。这两个要素共同决定了馈线系统的转供能力，是馈线系统规划的两个关键要素，主要影响的是停电的持续时间，与系统平均停电持续时间（SAIDI）指标的联系最为密切。联络决定了系统停运时的转供路径，馈线容量则决定了转供裕度。在规划设计中，两者相互依存、相互影响，缺一不可。

与分段不同，通过转供能力来提高供电可靠性不仅能应对馈线层停运，而且能够为高压配电系统或变电站的停运提供事故支持，这种"层级间"的事故支持能力对供电可靠性最具成本效益。

（3）开关切换时间。开关切换时间直接影响了停运的持续时间，从而影响了 SAIDI 指标。在满足切换能力的条件下，较短的切换时间大大减少了非故障的供电恢复时间及故障段的修复时间。

由以上分析来看，各关键要素之间是相互影响、相互依存的，网架结构的选择要结合单馈线结构和分段方式，馈线容量配置要考虑联络情况，而联络和馈线容量配置又决定了系统的转供能力，因此，要全面提高馈线系统的供电可靠性，需要综合考虑各关键要素的配置。

5.5 关键要素的配置方法

5.5.1 导线截面配置方法

传统配电网大多按导线的长期发热条件选择导线截面，导线截面满足安全裕度即可，很少考虑导线载荷的经济性。而以最少费用达到可靠性目标是基于供电可靠性的馈线系统规划的一种实现方式。按照馈线导线载荷经济性和供电距离选择导线截面的经济选型新方法，需满足以下三点要求：

（1）要有较高的经济性和可靠性成本/效益；

（2）要有足够的事故支持能力，能够满足负荷转供时的载荷要求；

（3）要有足够的载荷供电距离，能够满足压降准则要求。

基于以上三点要求，结合实际情况，在规划中馈线导线截面的选择要综合考虑区域网络结构、负荷密度、变电站布局和容量规模及可靠性要求等因素，并综合饱和负荷状况、线路全寿命周期一次选定。馈线导线截面选择步骤如下：

（1）依据供电区域类型，确定所规划区域的负荷密度，变电站容量以及中压馈线网络结构。

（2）依据变电站出线规模，确定单条中压馈线的年最大负荷及最大电流。

（3）根据规划区域的负荷类型，确定区域负荷的年最大负荷利用小时数，通过查询相关标准，确定经济电流密度值。

（4）依据中压馈线的最大电流以及经济电流密度值，计算得到经济导线截面，并与可选的标准导线截面对比，选择与经济导线截面最为接近的标准导线截面。

（5）依据电网结构确定线路满足负荷切换时的载荷要求，并与所选截面导线的热稳定极限电流进行比较，若低于热稳定极限电流，则所选导线截面合理；若高于热稳定极限电流，则调整导线截面。

（6）查询得到所选截面导线的单位长度电阻、电抗等参数，并按照我国 10kV

电压允许偏差±7%的标准,计算该导线满足电压允许偏差条件下的最大负荷矩,并计算在中压馈线最大负荷情况下的载荷供电距离,并与所需供电距离进行比较,若满足所需供电距离,则所选导线截面合理;若不满足所需供电距离,则需按照电压允许偏差、馈线最大电流及供电距离计算选择导线截面。

以铜芯电缆选型为例,介绍"经济电流密度法"选择导线截面的方法:假定要输送 150A 的载荷,年最大负荷利用小时数为 3000～5000h,则经济电流密度值为 1.25A/mm²,计算得到经济导线截面为 120mm²,该型导线热稳定极限电流为 320A(40℃,地下敷设方式),在 150A 的载荷下按照我国 10kV 电压允许偏差±7%的标准,单辐射方式下该导线最远输送距离可达 31.8km。若有相同条件的另外一条馈线与该馈线形成联络,在事故情况下,单条馈线载荷最大将达到300A,未超过导线的热稳定极限电流,但导线的单位长度电压降将达到43.74V/km(0.44%/km),事故情况下负荷转移后的最远供电距离缩短为 15.9km。因此,在考虑了事故容量备用和电压降裕度后,单联络方式下单条馈线的最远供电距离仅能达到 7.95km。

5.5.2　分段和保护配置方法

分段和保护配置的共同目的是将馈线或设备故障消除或隔离,以尽可能地减少停电客户数。分段是馈线的一种特性,与馈线的布局、负荷的特性、用户分布和容量等有关,保护配置则要根据工程技术和标准的要求合理设置。

合理的线路分段是通过将馈线划分成若干可隔离的分段,从而达到减少停电范围的目的。增加线路分段数可以提高故障下的负荷转移能力,从而提高供电可靠性。假设线路具备足够的联络和备用容量,能够实现故障下的负荷转移,则分段数与负荷转移能力的理论计算结果如下:

(1)如果线路分成 2 段,则 1 段故障,可以转移 50%的负荷;

(2)如果线路分成 3 段,则 1 段故障,可以转移 66%的负荷;

(3)如果线路分成 4 段,则 1 段故障,可以转移 75%的负荷;

(4)如果线路分成 5 段,则 1 段故障,可以转移 80%的负荷;

(5)如果线路分成 6 段,则 1 段故障,可以转移 83.33%的负荷;

(6)如果线路分成 7 段,则 1 段故障,可以转移 85.71%的负荷。

由以上计算结果可知,随着分段数的提高,1 段故障后转移的负荷比例相应提高;但当分段数增加到某一数值(比如 5 段)时,1 段故障后转移的负荷比例提高有限。

下面以一条城市架空馈线为例，对比分析不同分段方式的可靠性。该馈线结构及不同分段示意如图 5-3 所示。

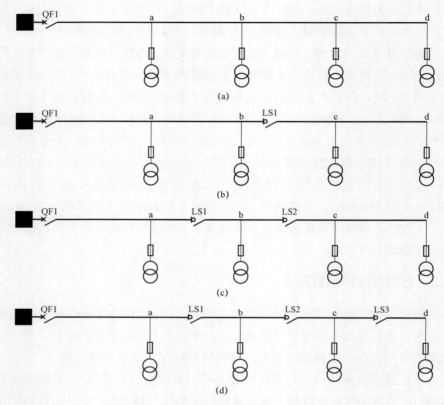

图 5-3　单馈线不同分段布局示意图

（a）单馈线单分段布局；（b）单馈线两分段布局；（c）单馈线三分段布局；（d）单馈线四分段布局

图 5-3 中馈线长度为 5km，QF1 为变电站出口断路器，LS1~LS3 为馈线分段负荷开关，假定各分段线路长度相等，即 2 分段方式下各分段长度为 2.5km，3 分段方式下各分段长度为 1.67km，4 分段方式下各分段长度为 1.25km，分支线长度均为 0.5km。各负荷点均向 10 户用户供电，接带负荷均为 2000kW。不同分段方式下可靠性计算参数见表 5-1。

表 5-1　　　　　　　　　　不同分段方式下可靠性计算参数

元件		线路长度（km）	设施停运率 [次/（100km·台·年）]	故障修复时间（h）	开关切换时间（h）	负荷点供电户数（户）	连接负荷（kW）
单分段主干线		5	2	3			
2 分段主干线	QF1~LS1	2.5	2	3			
	LS1~末端	2.5	2	3			
3 分段主干线	QF1~LS1	1.67	2	3			
	LS1~LS2	1.67	2	3			
	LS2~末端	1.67	2	3			
4 分段主干线	QF1~LS1	1.25	2	3			
	LS1~LS2	1.25	2	3			
	LS2~LS3	1.25	2	3			
	LS3~末端	1.25	2	3			
分支线	a 分支	0.5	2	5			
	b 分支	0.5	2	5			
	c 分支	0.5	2	5			
	d 分支	0.5	2	5			
出线断路器			2	7.5	1.5		
负荷开关			2	4	1.5		
熔断器			0.2	2	1.5		
配电变压器			3.5	4	1.5		
负荷点 a						10	2000
负荷点 b						10	2000
负荷点 c						10	2000
负荷点 d						10	2000

经计算，不同分段方式系统可靠性指标见表 5-2。

表 5-2　　　　　　　　　不同分段方式系统可靠性指标

可靠性指标	指标值			
	单分段	2 分段	3 分段	4 分段
用户平均停电时间 AIHC-1（h/户年）	1.28	0.67	0.526 5	0.602 5
供电可靠率 RS-1（%）	99.985 4	99.992 3	99.994 0	99.993 1

由表 5-2 可知，在本算例中 3 分段对馈线供电可靠性的改善程度最高，这是因为分段数的增加使得系统设备节点增多，从而造成系统故障率增加。由算例可知，分段数较少时增加分段数，可靠性提高比较明显；分段数达到一定数量后，由于增加分段开关故障率的影响，分段数对可靠性的提高不明显，甚至会有所降低。此外，中压馈线分段数的最优值并不是唯一的，与线路上相关元件的参数、线路长度、负荷的分布等均有关系，因此，对于一条确定的中压馈线，需通过详细计算才能获得该条线路的最优分段数，一条中压线路的分段数一般不超过 4~5 段。

在实际规划中，馈线分段的配置除了要协调可靠性和经济性的关系之外，还要考虑保护的配置，必要的时候需要从保护的角度出发单独设置一些"分段"，如在线路较长、导线截面较小、负荷较分散的农村线路上，如 C、D、E 类供电区域线路，首末端载荷水平差距较大，单靠变电站出口断路器的保护装置可能无法保护整条馈线，因为保护设置可能无法区分末端短路电流和正常载荷电流，此时就需要增加 1 台或多台分段保护装置。而对于 A+、A、B 类的城镇地区和城市地区，其馈线相对较短、导线截面选择较大且负荷相对密集，通常不会出现上述这种情况，一般采用 2~3 分段即可，但如果能在负荷侧多配置一些能够快速动作的熔断器，使得在其下段发生的故障能在继电器发出信号断开断路器前就被其切除，则会提高规划馈线系统的可靠性和经济性。

良好的保护配置工程需要处理好不同相位故障（单相、三相）、不同类型故障（接地、相间）等的配置协调问题，主要包括保护装置的时间—电流曲线配合、回路预期短路容量和保护装置安装点等。其中时间—电流曲线的配合是保护配置中最基础的工作。在规划设计中，首先利用短路或故障分析计算确定预期的故障电流，据此确定保护装置的额定遮断容量，选择保护装置，以确保保护装置的时间—电流曲线与工程需求相匹配，从而使得设备能够准确动作，达到保护的目的；对同一馈线上不同位置的保护装置的时间—电流曲线进行设置，使每个设备与其所处位置的故障水平及其他设备相匹配，从而使回路上多个保护设备达到协调统一，使线路得到合理分段。

5.5.3 馈线系统联络方式配置方法

馈线系统一般采用辐射状、环状和网状三种网络结构。下面以三分段单馈线为例，计算其与相邻线路不同的联络方式和联络位置的供电可靠性情况。该馈线若要与其他馈线形成联络，其联络位置第 1 段、第 2 段和第 3 段三个，联络方式可采用单联络、两联络和三联络，则单馈线的联络结构共有 7 种，分别如图 5-4~

图 5-6 所示，图中 CB1 为出线断路器、LS 为分段负荷开关、LL 为联络负荷
开关。

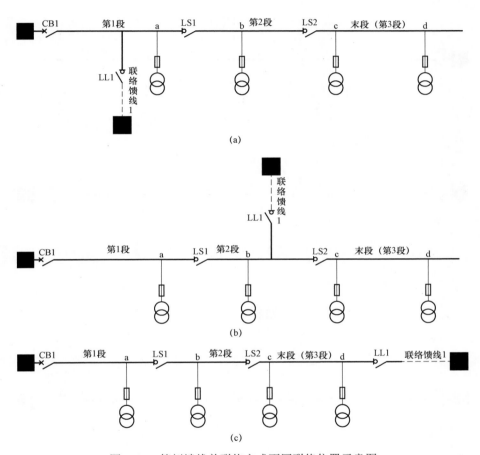

图 5-4　算例馈线单联络方式不同联络位置示意图

（a）单联络方式示意图（联络位置在第 1 段）；（b）单联络方式示意图（联络位置在第 2 段）；

（c）单联络方式示意图（联络位置在第 3 段）

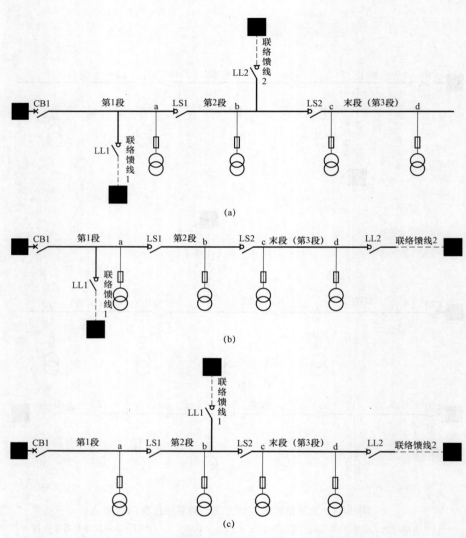

图 5-5 算例馈线两联络方式不同联络位置示意图
（a）单馈线两联络方式联络位置一；（b）单馈线两联络方式联络位置二；
（c）单馈线两联络方式联络位置三

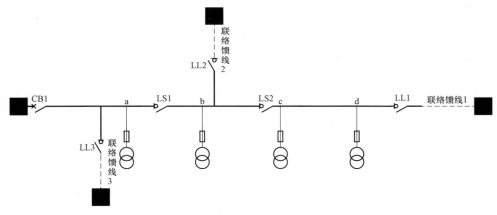

图 5-6　算例馈线三联络方式示意图

图 5-4~图 5-6 所示的不同联络方式和联络位置仅为馈线负荷的转移提供了路径，实际计算中还需要考虑馈线的正常负载率情况，即可转移容量问题。就以上算例，假定单条馈线的极限最大负载率不能超过 100%，三种联络方式下其正常运行负载率按照 50%、67% 和 75% 计算，在这三种情况下，单馈线可转移的负荷分别为其极限最大载荷的 50%、33% 和 25%，依据以上条件计算可靠性指标结果见表 5-3。

表 5-3　　　不同联络方式和馈线负载率情况下的可靠性指标计算结果表　　　　　%

联络方式单馈线正常运行负载率	单联络			两联络			三联络
	联络位置（第 1 段）	联络位置（第 2 段）	联络位置（第 3 段）	联络位置一	联络位置二	联络位置三	
50	99.993 5	99.994 7	99.995 6	99.994 7	99.995 6	99.995 6	99.995 6
67	99.993 3	99.994 0	99.994 9	99.994 1	99.995 2	99.995 6	99.995 6
75	99.993 0	99.993 7	99.993 9	99.993 6	99.994 0	99.993 5	99.995 6

由表 5-3 可知，若要实现高供电可靠率，需要选择合适的联络位置，计算结果表明，联络位置选择离现有电源点越远，供电可靠率越高，这是由于远联络位置提供了更长的反方向潮流路径，从而为同一故障情况提供了更多的处理方式；另外，需随着单馈线正常运行负载率的提高增加联络数量，以保证充足的备用容量。

在实际馈线系统规划中，应首先根据区域馈线的正常运行负载率水平，选择合适的联络方式（单联络或多联络），对于负荷密度较低、馈线正常运行负载率较小的城镇区、一般城区可采用单联络方式（环式），而对于负荷密度高、馈线正常运行负载率较高的城市中心区，则应选择多联络方式（网状）。另外，随着区域的发展，由初期至完善期区域负荷会大幅增加，其馈线正常运行负载率水平也会逐渐提高，馈线系统的联络方式也需进行相应的调整，适度增加馈线的联络数量（由环式过渡至网状），这样不仅保证了系统的供电可靠性，而且还减少了新增馈线数量，节省了投资和路径，提高了系统的经济性。

5.5.4 切换时间配置方法

馈线系统切换时间的长短直接影响系统停电持续时间 *SAIDI* 指标的大小，要想减小系统的切换时间，除了要设计合理的馈线分段、联络方式，选择合适的导线截面和开关设备外，更重要的是要配置好系统的自动化水平。

自动化的切换操作方式，可以使得切换时间减少到手动操作方式的 15%，这会大大减少系统的停电持续时间。尤其对于 A+、A 类供电区域，按照供电安全标准要求，故障情况下这两类区域分别要在 5min 和 15min 内恢复非故障段负荷供电，这对于馈线网络结构和运行情况均较复杂的城市配电网来说，采用人工切换基本是不可能达到的要求，因此需要配置集中式或分布智能式的配电自动化系统，实现网络重构和系统的自愈；对于 B、C 类供电区域，供电安全标准要求在 3h 内恢复非故障段负荷供电，对于面积较小的供电区域采用人工切换操作时间要求较为充裕，但对于面积较大的供电区域，就需要借助于集中式的配电自动化系统或就地型的重合器了；对于面积更为广阔、地形条件更加复杂的 D、E 类供电区域，可以采用就地型重合器，或者采用可以减少故障查找时间的故障指示器，快速确定故障位置再采用人工方式进行切换。

5.5.5 关键要素的配置原则

馈线系统是将电力从少数系统电源点（变电站）配送至用户的通道，应该能够配送用户所需的全部电力，还要有较高的供电可靠性和电能质量，且系统总费用应尽可能低。要实现上述目标，在馈线系统规划中需要结合规划区域的实际情况合理的配置各关键要素，主要的配置原则如下：

（1）应与变电站层、输电层、用户层和分布式电源等协调配合，增强各层级电网间的负荷转移和相互支援，以满足各层级间在空间上的优化布局和在时间上的合理过渡；

（2）应使馈线系统具有必备的容量裕度、适当的负荷转移能力、一定的自愈能力和应急处理能力、合理的分布式电源接纳能力；

（3）应遵循资产全寿命周期成本最小的原则，分析由资本成本、运行成本、检修维护成本、故障成本和退役处置成本等组成的资产寿命周期成本，对多个方案进行比选，实现电网资产在规划设计、建设改造、运维检修等全过程的整体成本最小；

（4）应实行差异化原则，根据不同区域的经济社会发展水平、用户性质和环境要求等情况，采用差异化的标准，合理满足区域发展和各类用户的用电需求；

（5）应加强计算分析，提高配置质量，提升精益化管理水平，提高配电网投资效益。

5.6　应用示例

5.6.1　配电网现状

示例区域共有 4 座变电站，22 条中压线路，其中架空线路 4 条，电缆线路 18 条，为城市区域电网典型网架结构，接线示意如图 5－7 所示。

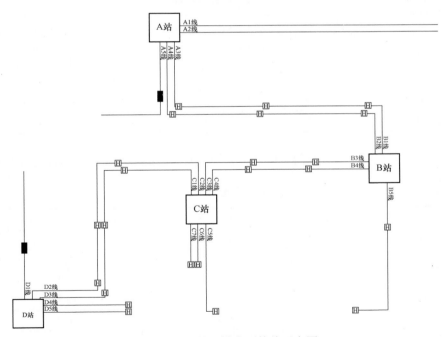

图 5－7　示例区域电网接线示意图

由图 5-7 可知，区域现状架空网均为单辐射式接线，电缆网则以双环网为主，另有 4 条双辐射线路和 2 条单辐射式线路。

5.6.2 现状可靠性评估

利用中国电力科学研究院开发"配电网计算分析软件"对示例区域电网进行可靠性建模计算，评估区域现状电网的供电可靠性水平。

（1）计算条件。参考已有的实际统计资料及国外的相关资料，采用以下假设条件评估计算：

1）所有支路失效和修复均为独立事件；

2）不考虑共同模式失效；

3）忽略恶劣气候影响；

4）电源点容量充足；

5）不考虑变电站 10kV 母线故障。

模型计算参数见表 5-4。

表 5-4　　　　　　　　　　模　型　计　算　参　数

设备	故障率［次/年/100km（100 台）］	修复时间（h）	切换时间（min）	转供时间（min）
架空线	8.2	3	30	50
电缆	5	5.5	30	50
断路器	2	4		
配电变压器	2	4		

（2）计算结果。经计算得到区域各条馈线及系统的供电可靠性指标见表 5-5。

表 5-5　　　　　　示例区域现状电网供电可靠性计算结果

名称	可靠率（%）	系统平均停电频率（次/年）	系统平均停电时间（min/年）
A1 线	99.995 3	0.131 2	24.70
A2 线	99.995 3	0.131 2	24.70
A3 线	99.998 9	0.015 0	5.78
A4 线	99.998 9	0.015 0	5.78
A5 线	99.997 5	0.061 5	13.14
B1 线	99.998 9	0.014 5	5.78
B2 线	99.998 9	0.014 5	5.78

续表

名称	可靠率（%）	系统平均停电频率（次/年）	系统平均停电时间（min/年）
B3 线	99.998 9	0.019 4	5.78
B3 线	99.998 9	0.019 4	5.78
B5 线	99.998 5	0.007 5	7.88
C1 线	99.998 9	0.019 4	5.78
C2 线	99.998 9	0.019 4	5.78
C3 线	99.998 9	0.007 5	5.78
C4 线	99.998 9	0.015 4	5.78
C5 线	99.998 5	0.007 5	7.88
C6 线	99.998 6	0.007 0	7.36
C7 线	99.998 6	0.007 0	7.36
D1 线	99.997 0	0.069 7	15.77
D2 线	99.998 9	0.013 5	5.78
D3 线	99.998 9	0.014 5	5.78
D4 线	99.998 5	0.007 5	7.88
D5 线	99.998 5	0.007 5	7.88
系统	99.998 2	0.034 9	9.46

由表 5 - 5 可知，示例区域电网现状系统供电可靠率为 99.998 2%，系统平均停电时间为 9.46min/年；从线路来看，架空线路 A1 线、A2 线、A5 线和 D1 线的供电可靠率低于电缆线路；从网架结构来看，具有分段的线路（A5 线、D1 线）其可靠性要高于单分段的线路（A1 线、A2 线），辐射式线路的供电可靠率要低于环网线路。

5.6.3　规划方案

（1）规划目标。根据区域电网可靠性计算结果，确定到 2020 年区域电网的供电可靠性目标达到 99.999%，即系统平均停电时间为 5.26min/年。

（2）规划策略。由区域现状电网可靠性计算结果可见，影响供电可靠性的主要因素在网络结构方面，因此，规划确定提高区域电网供电可靠性的主要策略为增加线路分段和加强线路联络。

（3）规划方案。结合示例区域电网实际情况，按照工程量大小、实施难易程度和效果，提出由低到高三种规划方案。

1）方案 1。本方案共有两项规划内容：增加 A1 线、A2 线线路分段，新建分段开关 4 台；新建 A5 线、D1 线间联络线路，新建联络开关 1 台。

示例区域方案 1 电网接线示意如图 5-8 所示。

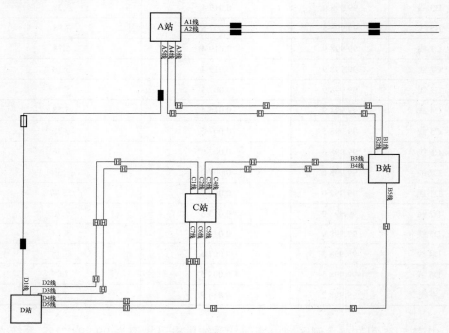

图 5-8　示例区域方案 1 电网接线示意图

示例区域方案 1 电网供电可靠性计算结果见表 5-6。

表 5-6　　　　　　　示例区域方案 1 电网供电可靠性计算结果

名称	可靠率（%）	系统平均停电频率（次/年）	系统平均停电时间（min/年）	可靠率提升（%）	系统平均停电时间减少（min/年）
A1 线	99.996 8	0.131 2	16.82	0.001 5	7.88
A2 线	99.996 8	0.131 2	16.82	0.001 5	7.88
A3 线	99.999 1	0.015	4.73	0.000 2	1.05
A4 线	99.999 1	0.015	4.73	0.000 2	1.05
A5 线	99.997 9	0.082	11.04	0.000 4	2.1
B1 线	99.999 1	0.014 5	4.73	0.000 2	1.05
B2 线	99.999 1	0.014 5	4.73	0.000 2	1.05
B3 线	99.999 1	0.019 4	4.73	0.000 2	1.05

续表

名称	可靠率（%）	系统平均停电频率（次/年）	系统平均停电时间（min/年）	可靠率提升（%）	系统平均停电时间减少（min/年）
B4 线	99.999 1	0.019 4	4.73	0.000 2	1.05
B5 线	99.998 7	0.007 5	6.83	0.000 2	1.05
C1 线	99.999 1	0.019 4	4.73	0.000 2	1.05
C2 线	99.999 1	0.019 4	4.73	0.000 2	1.05
C3 线	99.999 1	0.007 5	4.73	0.000 2	1.05
C4 线	99.999 1	0.015 4	4.73	0.000 2	1.05
C5 线	99.998 7	0.007 5	6.83	0.000 2	1.05
C6 线	99.998 8	0.007	6.31	0.000 2	1.05
C7 线	99.998 8	0.007	6.31	0.000 2	1.05
D1 线	99.997 8	0.090 2	11.56	0.000 8	4.21
D2 线	99.999 1	0.013 5	4.73	0.000 2	1.05
D3 线	99.999 1	0.014 5	4.73	0.000 2	1.05
D4 线	99.998 7	0.007 5	6.83	0.000 2	1.05
D5 线	99.998 7	0.007 5	6.83	0.000 2	1.05
系统	99.998 6	0.037	7.36	0.000 4	2.1

由表 5-6 可见，架空线路 A1 线、A2 线在增加分段后，供电可靠性有较大提高，达到 99.996 8%，系统平均停电时间减少较多，达到 16.82min/年，减少了 7.88min/年；A5 线和 D1 线形成联络后，两线的供电可靠率分别提升了 0.000 4% 和 0.000 8%，平均停电时间则分别减少了 2.1min/年和 4.21min/年；在此基础上，区域电网的供电可靠率整体提升了 0.000 4%，达到了 99.998 6%，系统平均停电时间则减少了 2.1min/年。

2）方案 2。方案 1 虽使得区域电网的系统供电可靠性有所提高，但未达到规划目标要求，因此本方案在方案 1 基础上进一步优化架空线路的网络结构，通过由 B 站新建 2 回出线 B6 线、B7 线分别于 A1、A2 线联络，将现有架空辐射式线路全部改造为单联络式。改造后的示例区域方案 2 电网接线示意如图 5-9 所示。

方案 2 可靠性计算结果见表 5-7。

85

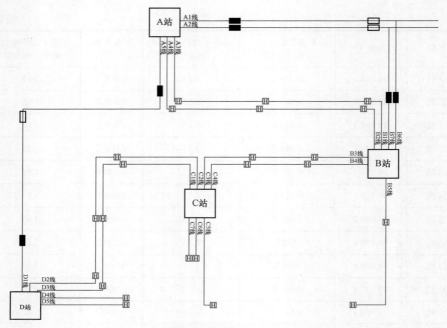

图 5-9 示例区域方案 2 电网接线示意图

表 5-7　　　　　　　示例区域方案 2 电网供电可靠性计算结果

名称	可靠率（%）	系统平均停电频率（次/年）	系统平均停电时间（min/年）	可靠率提升（%）	系统平均停电时间减少（min/年）
A1 线	99.998 0	0.096 9	10.51	0.002 7	14.19
A2 线	99.998 0	0.097 5	10.51	0.002 7	14.19
A3 线	99.999 4	0.015 0	3.15	0.000 5	2.63
A4 线	99.999 4	0.015 0	3.15	0.000 5	2.63
A5 线	99.998 2	0.082 0	9.46	0.000 7	3.68
B1 线	99.999 4	0.014 5	3.15	0.000 5	2.63
B2 线	99.999 4	0.014 5	3.15	0.000 5	2.63
B3 线	99.999 4	0.019 4	3.15	0.000 5	2.63
B4 线	99.999 4	0.019 4	3.15	0.000 5	2.63
B5 线	99.999 0	0.007 5	5.26	0.000 5	2.62
B6 线	99.997 8	0.079 4	11.56		
B7 线	99.997 8	0.078 8	11.56		
C1 线	99.999 4	0.019 4	3.15	0.000 5	2.63
C2 线	99.999 4	0.019 4	3.15	0.000 5	2.63
C3 线	99.999 4	0.007 5	3.15	0.000 5	2.63
C4 线	99.999 4	0.015 4	3.15	0.000 5	2.63

续表

名称	可靠率（%）	系统平均停电频率（次/年）	系统平均停电时间（min/年）	可靠率提升（%）	系统平均停电时间减少（min/年）
C5 线	99.999 0	0.007 5	5.26	0.000 5	2.62
C6 线	99.999 1	0.007 0	4.73	0.000 5	2.63
C7 线	99.999 1	0.007 0	4.73	0.000 5	2.63
D1 线	99.998 1	0.090 2	9.99	0.001 1	5.78
D2 线	99.999 4	0.013 5	3.15	0.000 5	2.63
D3 线	99.999 4	0.014 5	3.15	0.000 5	2.63
D4 线	99.999 0	0.007 5	5.26	0.000 5	2.62
D5 线	99.999 1	0.007 0	4.73	0.000 6	3.15
系统	99.998 9	0.035 4	5.78	0.000 7	3.68

由表 5-7 可知，方案 2 使区域电网的供电可靠率达到了 99.998 9%，较现状提高了 0.000 7%，系统平均停电时间减少了 3.68min/年。

3）方案 3。根据以上计算结果，规划方案 2 仍未达到目标要求，因此，方案 3 对方案 2 进一步优化，新建 B5 线、C5 线间联络线路，将其单辐射式接线方式改造为单环网式。改造后的示例区域方案 3 电网接线示意如图 5-10 所示。

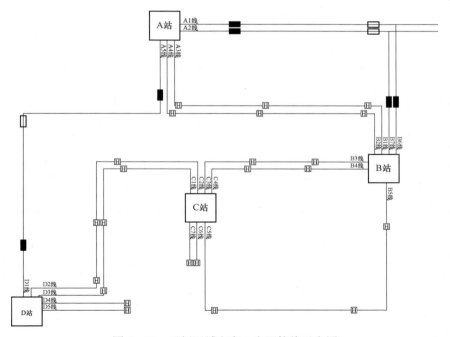

图 5-10 示例区域方案 3 电网接线示意图

方案 3 可靠性计算结果见表 5-8。

表 5-8 示例区域方案 3 电网供电可靠性计算结果

名称	可靠率（%）	系统平均停电频率（次/年）	系统平均停电时间（min/年）	可靠率提升（%）	系统平均停电时间减少（min/年）
A1 线	99.998 1	0.096 9	9.99	0.002 8	14.71
A2 线	99.998 1	0.097 5	9.99	0.002 8	14.71
A3 线	99.999 5	0.015 0	2.63	0.000 6	3.15
A4 线	99.999 5	0.015 0	2.63	0.000 6	3.15
A5 线	99.998 3	0.082 0	8.94	0.000 8	4.20
B1 线	99.999 5	0.014 5	2.63	0.000 6	3.15
B2 线	99.999 5	0.014 5	2.63	0.000 6	3.15
B3 线	99.999 5	0.019 4	2.63	0.000 6	3.15
B4 线	99.999 5	0.019 4	2.63	0.000 6	3.15
B5 线	99.999 5	0.007 5	2.63	0.001 0	5.25
B6 线	99.997 9	0.079 4	11.04		
B7 线	99.997 9	0.078 8	11.04		
C1 线	99.999 5	0.019 4	2.63	0.000 6	3.15
C2 线	99.999 5	0.019 4	2.63	0.000 6	3.15
C3 线	99.999 5	0.007 5	2.63	0.000 6	3.15
C4 线	99.999 5	0.015 4	2.63	0.000 6	3.15
C5 线	99.999 5	0.012 4	2.63	0.001 0	5.25
C6 线	99.999 2	0.007 0	4.20	0.000 6	3.16
C7 线	99.999 2	0.007 0	4.20	0.000 6	3.16
D1 线	99.998 2	0.090 2	9.46	0.001 2	6.31
D2 线	99.999 5	0.013 5	2.63	0.000 6	3.15
D3 线	99.999 5	0.014 5	2.63	0.000 6	3.15
D4 线	99.999 1	0.007 5	4.73	0.000 6	3.15
D5 线	99.999 2	0.007 0	4.20	0.000 7	3.68
系统	99.999 1	0.035 5	4.73	0.000 9	4.73

由表 5-8 可知，规划方案 3 使得区域电网的供电可靠率达到了 99.991%，系统平均停电时间达到 4.73min/年，达到规划目标要求。

5.6.4　规划结论

示例区域电网现状年和各规划方案供电可靠性指标对比见表 5−9，通过对现状网架的逐步优化，系统的供电可靠性随之提高，方案 3 达到可靠性目标要求，因此，规划推荐采用方案 3。

表 5−9　　示例区域电网现状年和各规划方案供电可靠性指标对比表

可靠性指标	现状	方案 1	方案 2	方案 3
系统供电可靠率（%）	99.998 2	99.998 6	99.998 9	99.999 1
系统平均停电时间（min/年）	9.46	7.36	5.78	4.73

第6章

配电网可靠性、经济性
评估指标及评估方法

6.1 配电网可靠性、经济性评估指标体系

6.1.1 可靠性评估指标

配电系统可靠性指标，是反映配电系统向用户连续供电的可靠程度的综合性指标。虽然各个指标建立的出发点不同，侧重点也各有差异，但是最根本的作用均在于通过统计分析、预测评估、优化提升以使规划后的配电网达到：

（1）预防故障发生；

（2）当故障发生时，尽量缩小停电范围；

（3）使系统迅速消除故障，恢复到原来的正常状态。

常用的配电系统可靠性指标可按照以下方式进行分类。

按照评估对象的不同，可靠性指标可分为负荷点指标和系统指标。负荷点指标描述的是单个负荷点的可靠程度，例如负荷点停电率、停电时间等，可用于分析系统中用户的可靠性；系统指标描述的是整个系统的可靠程度，例如系统平均停电频率指标、系统平均停电持续时间指标等。系统可靠性指标一般可由负荷点可靠性指标计算得到。

按照停电时间的长短，可靠性指标可分为持续停电指标和瞬时停电指标。可以用一个确定的时间值（如 5min）来划分持续停电和瞬时停电：能在规定时间内恢复供电的称为瞬时停电，不能在规定时间内恢复供电的称为持续停电。根据现有设计标准，配电系统多数为冗余系统，即单一元件的故障可用手动或自动的切换方式使用户不至于长期断电。自动切换时间一般为零点几秒到几分钟左右，手动切换时间一般为几十分钟。因此在计算持续停电指标时可以不考虑自动切换时间的影响，但有时需要考虑自动开关拒动的影响。对于可靠性要求较高的系统，通常自动化水平也比较高，仅采用持续停电指标不足以描述其可靠程度，因此需要计算瞬时停电指标。

按照评估内容的不同，可靠性指标可分为停电频率时间类指标、停电负荷电量类指标、停电经济类指标等。停电频率时间类指标描述了停电的基本特性，应用最广；停电负荷电量类指标反映了负荷或电量的不足，在分析系统容量和停电损失时能提供更多信息；停电经济类指标反映了由停电造成的用户或电力公司的经济损失，对电网的规划、设计、运行都具有较高的参考价值。由于停电造成的经济损失通常包括直接损失和间接损失，需要收集很多数据才能保证经济类指标的可信度，而这些数据都很难确定，因此对经济类指标的计算造成了障碍。随着对配电网可靠性成本效益研究的深入，经济类指标有望得到进一步重视。

在进行可靠性评估时，一般采用多个指标从多个侧面来描述可靠性水平。由于指标是人为定义的，考虑到人们的关注重点、分类方法、统计手段等方面的差异，具体采用的指标也可能不同。美国于 1990、1995 和 1997 年对全国范围内几十家配电公司的可靠性指标情况进行了调查，调查结果显示，使用最广泛的前 5 项指标依次为 $SAIDI$、$SAIFI$、$CAIDI$、$ASAI$、$MAIFI$（短时停电系统平均停电频率指标，各个供电公司的短时停电时间限值差别很大，为 1min～0.5h 不等）。

国内常用的可靠性指标与国际通用的指标计算公式和含义基本一致，只是名称略有不同，对应情况见表 6-1。国内最常用的配电可靠性指标是供电可靠率 RS（Reliability On Service），包括 RS-1 和 RS-3，其中 RS-1 的含义与 $ASAI$ 指标相同，RS-3 指不计系统电源不足限电情况下的可靠率。

表 6-1　　　　　国际通常使用的可靠性指标与国内常用对应指标

国际通用指标	国内常用指标
系统平均停电持续时间（$SAIDI$）	用户平均停电时间（$AIHC$）
系统平均停电频率（$SAIFI$）	用户平均停电次数（$AITC$）
用户平均停电持续时间（$CAIDI$）	停电平均持续时间（MID）
用户平均停电频率（$CAIFI$）	停电用户平均停电次数（$AITCI$）
平均供电可用率（$ASAI$）	供电可靠率（RS-1） 供电可靠率（不计限电）（RS-3）

停电时间和停电次数相关的指标（包括 $SAIFI$、$SAIDI$、$CAIFI$、$CAIDI$、$ASAI$

等）直观体现了配电系统的服务质量，应用最为普遍；缺供电量等指标与经济性关联，也得到较为广泛的应用。随着网架结构的改善和可靠性的提高，可以根据实际需要选用更多的评估指标，以实现可靠性管理的精细化。

6.1.2 系统可靠性指标

（1）系统平均停电持续时间（$SAIDI$）。由系统供电的每个用户每年的平均停电小时数，记作 $SAIDI$ [System Average Interruption Duration Index，h/（户·年）]。该指标从停电总持续时间上反映系统对用户供电的不连续性，用来检验网架结构、保护、配电自动化及管理水平。

$$SAIDI = \frac{用户停电持续时间总和}{系统总用户数} = \frac{\sum t_{CID}}{\sum N_i} = \frac{\sum t_{ui} N_i}{N} \qquad (6-1)$$

DL/T 5729—2016《配电网规划设计技术导则》中明确规定各类供电区域应满足的规划目标见表 6－2。

表 6－2   规 划 目 标

供电区域	供电可靠率（$RS-3$）
A+	用户年平均停电时间不高于 5min（≥99.999%）
A	用户年平均停电时间不高于 52min（≥99.990%）
B	用户年平均停电时间不高于 3h（≥99.965%）
C	用户年平均停电时间不高于 9h（≥99.897%）
D	用户年平均停电时间不高于 15h（≥99.828%）
E	不低于向社会承诺的指标

（2）系统平均停电频率（$SAIFI$）。由系统供电的每个用户每年的平均停电次数，记作 $SAIFI$ [System Average Interruption Frequency Index，次/（户·年）]。该指标从停电次数上反映系统对用户供电的不连续性，用来检验设备质量，监测和维护水平等。

$$SAIFI = \frac{用户总停电次数}{系统总用户数} = \frac{\sum N_{ACI}}{\sum N_i} = \frac{\sum \lambda_i N_i}{N} \qquad (6-2)$$

（3）用户平均停电频率 $CAIFI$（Customer Average Interruption Frequency Index）。它是指 1 年中每个停电用户所遭受的平均停电次数。以总的用户停电次数与受停电影响的用户数之比表示。

$$CAIFI = \frac{\sum_{i \in R} \lambda_i N_i}{\sum_{i \in R} M_i} \quad (次/用户·年) \tag{6-3}$$

式中　　M_i——负荷点 i 的故障停电用户数。

（4）用户平均停电持续时间 $CAIDI$（Customer Average Interruption Duration Index），以用户停电时间总和与用户停电总次数之比表示。

$$CAIDI = \frac{\sum_{i \in R} U_i N_i}{\sum_{i \in R} \lambda_i N_i} = \frac{SAIDI}{SAIFI} \quad (h/用户·次) \tag{6-4}$$

（5）平均供电可用率 $ASAI$（Average Service Availability Index），以实际供电总时户数与要求供电总时户数之比表示。

$$ASAI = \frac{\sum_{i \in R} 8760 N_i - \sum_{i \in R} U_i N_i}{\sum_{i \in R} 8760 N_i} = 1 - \frac{SAIDI}{8760} \tag{6-5}$$

（6）平均供电不可用率 $ASUI$（Average Service Unavailability Index），以用户停电总时户数与用户要求供电总时户数表示。

$$ASUI = \frac{\sum_{i \in R} U_i N_i}{\sum_{i \in R} 8760 N_i} = 1 - ASAI \tag{6-6}$$

（7）系统缺供电量 ENS（Energy Not Supplied）。

$$ENS = \sum_{i \in R} P_{ai} N_i \quad (kWh/年) \tag{6-7}$$

式中　　P_{ai}——负荷点 i 的平均负荷，kW。

（8）系统平均缺供电量 $AENS$（Average Energy Not Supplied），以总缺电量与总用户数之比表示。

$$AENS = \frac{ENS}{\sum_{i \in R} N_i} \quad (kWh/用户·年) \tag{6-8}$$

（9）用户平均缺电量 $ACCI$（Average Customer Curtailment Index），以总缺电量与停电用户总数之比表示。

$$AENS = \frac{ENS}{\sum_{i \in R} M_i} \quad (kWh/停电用户·年) \tag{6-9}$$

敏感度指标：

（1）$SAIFI$ 对元件故障概率 q_i 的敏感度：$SI_{SAIFIqi} = \dfrac{\partial SAIFI}{\partial q_i}$ （6-10）

（2）ENS 对元件故障概率 q_i 的敏感度：$SI_{ENSqi} = \dfrac{\partial ENS}{\partial q_i}$ （6-11）

（3）ENS 对元件 i 的允许通过容量 C_i 的敏感度：$SI_{ENSCi} = \dfrac{\partial ENS}{\partial C_i}$ （6-12）

6.1.3　负荷点可靠性指标

负荷点的可靠性指标用来衡量每个负荷点的供电可靠性。常用的指标有如下五个。

（1）负荷点年停电率（$SAIFI-LP$）：某负荷点在 1 年中的停电次数，记作 $SAIFI-LP$（System Average Interruption Frequency Index of Load Point，次/年）。该指标反映了负荷点的年均停电次数，表征了该负荷点的停电频率。

（2）负荷点平均停电持续时间（$SAIDI-LP$）：某负荷点 1 年内停电的小时数之和，记作 $SAIDI-LP$（System Average Interruption Duration Index of Load Point，h/年）。该指标反映了负荷点的年均停电持续时间，表征该负荷点恢复供电的能力。

（3）负荷点等效系统平均停电持续时间（$ESAIDI-LP$）：某负荷点 1 年内停电的小时数之和，折算到系统每个用户每年的平均停电小时数，记作 $ESAIDI-LP$（Equivalent System Average Interruption Duration Index of Load Point，h/年）。系统平均停电持续时间指标未计及负荷大小，而负荷规模直接影响到用户停电损失，因此该指标计及了负荷点的负荷大小，反映了该负荷点的等效系统平均停电持续时间。

$$ESAIDI-LP = SAIDI-LP \times \dfrac{负荷点负荷}{系统负荷}$$

（6-13）

（4）同类供电区域内负荷点 $SAIDI$ 是最好负荷点 $SAIDI$ 10 倍的负荷点个数所占比例：表征平均停电时间过高的负荷点占系统所有负荷点总数的比例，反映负荷点可靠性的分布性质。

$$\rho = \dfrac{同类区域内负荷点SAIDI是最好负荷点SAIDI10倍的负荷点个数}{区域内负荷点的总个数}$$

（6-14）

可靠性在区域方面的差异在任何电力系统中都是不可避免的，这是因为在网络结构、线路选择、供电区域形状和设备利用率等方面有所差异，电力企业架设线路时，要根据城市、郊区和农村的不同需求来考虑成本效益。

由表 6-2 可以看出 A 类 *SADI* 是 A+类的 10.4 倍，B 类 *SAIDI* 是 A 类的 3.5 倍，C 类 *SAIDI* 是 B 类的 3 倍，D 类 *SAIDI* 是 C 类的 1.7 倍，因此针对同一类型供电区域，负荷点 *SAIDI* 是最好负荷点 *SAIDI* 的倍数不能超过 10 倍。

该指标能够体现同一供电区域内供电可靠性的公平性，从而不至于某些负荷点可靠性过于高，某些负荷点的可靠性过于低。同时这也表示，改善某些负荷点的可靠性并不意味着就要增加投资，反之亦然（增加费用不意味着就改善可靠性）。

（5）负荷点缺供电量（*ENS-LP*）：一年中某负荷点因停电缺供的总电量，记作 *ENS-LP*（Energy Not Supplied of Load Point，kWh/年）。该指标反映了负荷点因停电造成的电量损失。

$$ENS-LP=负荷点供电量 \times \frac{SAIDI - LP}{8760} \qquad (6-15)$$

6.1.4　可靠性成本效益指标

可靠性成本效益是衡量配电网规划与建设项目是否合理的重要方面。在中压配电网可靠性成本效益评估中，主要采用以下指标：

（1）单位新增负荷投资表征了配电网规划阶段的总投资和负荷增量之间的关系，单位（元/kW）。

$$单位新增负荷投资 = \frac{规划阶段的新增总投资}{规划阶段的负荷增量} \qquad (6-16)$$

（2）全寿命周期费用现值包括投资成本、运行成本、检修维护成本、退役处置成本等。计算模型如下：

$$LCC = \left(\sum_{n=0}^{N} \frac{CI(n)+CO(n)+CM(n)+CF(n)}{(1+i)^n} \right) + \frac{CD(n)}{(1+i)^n} \qquad (6-17)$$

式中　*LCC*——全寿命周期费用现值；

　　　　N——评估年限，与设备寿命周期相对应；

　　　　i——贴现率；

　　CI（*n*）——第 *n* 年的投资成本，主要包括设备的购置费、安装调试费和其他

费用；

$CO(n)$——第 n 年的运行成本，主要包括设备能耗费、日常巡视检查费和环保等费用；

$CM(n)$——第 n 年的检修维护成本，主要包括周期性检修与维护费用；

$CF(n)$——第 n 年的故障成本，主要包括故障检修费用与故障损失成本；

$CD(n)$——第 n 年（期末）的退役处置成本，主要包括设备退役时处置的人工、设备费用以及运输费和设备退役处理时的环保费用，并应减去设备退役时的残值。

其中，故障损失成本计算模型如下：

$$CF = 单位电量停电损失成本 \times 缺供电量 \qquad (6-18)$$

式（6-18）中，单位电量停电损失成本包括售电损失费、设备性能及寿命损失费以及间接损失费，可根据历史数据统计得出。

（3）平均每户减少单位停电时间的费用表征了提高供电可靠性的投资在缩短停电时间上的效益，单位（元/min）。

$$平均每户减少单位停电时间的费用 = \frac{提高供电可靠性的总投资}{平均每户缩短的停电时间} \qquad (6-19)$$

（4）平均减少单位缺供电量的费用表征了提高供电可靠性的投资在减少配电系统因停电造成的系统缺供电量的减少方面的效益，单位（元/kWh）。

$$平均减少单位缺供电量的费用 = \frac{提高供电可靠性的总投资}{减少的总缺供电量} \qquad (6-20)$$

（5）成本效益分析 B/C：

$$B/C = \frac{全寿命周期总收益现值}{全寿命周期总成本现值} \qquad (6-21)$$

6.2 常用的配电网供电可靠性评估方法

6.2.1 解析法

解析法目前广泛用于配电网的可靠性评估，它通过故障枚举来进行故障状态的选择，利用数学解析的方法计算可靠性指标。其基本原理是：根据系统的结构和元件的功能建立系统的可靠性概率模型，然后用迭代等数学方法精确求解该模型，从而计算出可靠性指标。解析法的原理简单，模型准确，特别适合针对不同的元件性能来评价其对系统可靠性的影响。

当前，配电网可靠性评估的网络解析法很多，常见的有故障模式与后果分析法、最小路法、网络等值法、区间算法、裕度法等。

（1）故障模式与后果分析法。故障模式与后果分析法（Failure Mode and Effect Analysis，FMEA）是用于配电网可靠性评估的传统方法。该方法在进行可靠性分析的过程中，首先通过对系统中各元件的状态进行搜索，列出全部可能的系统状态，然后根据合适的故障判别准则对系统的所有状态进行检验分析，找出系统的故障模式集合，建立故障模式及后果分析表，即查清每个基本故障事件及其后果，最后综合分析得出负荷点可靠性指标和配电系统可靠性指标。

FMEA 的原理简单、清晰，模型准确，能够考虑故障后的潮流和电压约束，可直接用于简单辐射型配电网的可靠性评估。由于它的计算量随元件数目的增长而呈指数规律增长，配电网的结构比较复杂，元件数目及操作方式增多时，系统故障模式急剧增加，迅速准确地判断元件故障对各个负荷点的影响也变得十分困难。因此，用 FMEA 法很难直接对一个复杂的辐射型配电网进行评估。

（2）最小路法。该算法首先对每个负荷点求取其最小路即负荷点与电源之间的最短通路，这样整个系统的元件便可分为最小路上元件和非最小路上元件。对于最小路上元件，从负荷点向上追溯，沿着最小路求取各节点的等效可靠性指标，并最终形成整个系统的可靠性指标；对于非最小路上元件，根据网络实际情况将其对负荷点可靠性指标的影响，折算到相应的最小路节点上，从而对每个负荷点的可靠性指标，仅

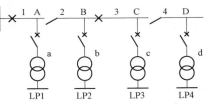

图 6-1　简单配电网结构图

对其最小路上的元件与节点进行计算即可。如图 6-1 所示，对于负荷点 LP2，分支线 a 的影响可以折算到节点 A 上，主馈线 3、4 和分支线 c、d 的影响折算到节点 B 上。

算法考虑了分支线保护、分段开关的影响，并且能够处理有无备用电源的情况。通过求取负荷点到电源点的最小路，有助于提高判断元件故障对负荷点影响的速度，而且能简化分析和计算。但当系统复杂时，最小路的求取需花费大量时间，计算复杂性较大，并且当最小路与非最小路上的线路发生故障时，这种折算将会变得非常困难。

（3）网络等值法。实际的配电网往往由主干线和分支线构成，对于这种结构复杂的配电网，利用可靠性等值的方法将其等值为简单的辐射式配电网，从而简

化计算。该方法的基本思想是利用一个等效元件来代替一部分配电网络，从而将复杂结构的配电网逐步简化成简单辐射状主馈线系统。对复杂结构配电网的可靠性评估含向上等效及向下等效两个过程。在向上等效的过程中，将分支馈线对上级馈线的影响用一个串在上级馈线中的等效节点元件来代替；在向下等效的过程中，将上级馈线对下级馈线的影响用一个串在下级馈线首端的等效节点元件来代替。该方法从最低一段的子馈线出发，将子馈线等效为相应的线路和负荷，逐次向上，直到线路不带子馈线为止，从而可将带子馈线的问题转化为不带子馈线的问题，进而利用 FMEA 法得到节点和系统的可靠性指标。

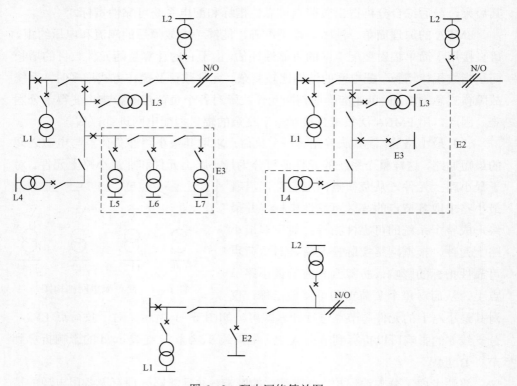

图 6-2　配电网络等效图

在将分支馈线等值简化的过程中，如图 6-2 中将虚线框 E3 等效成元件 E3，虚线框 E2 等效成元件 E2，等效元件对上级馈线的影响可由等效元件的故障率、等效元件的年故障时间以及等效元件的故障修复时间来反映。

对辐射型配电网而言，网络等值法具有很好的适应性，由于采用了等效机制，最后将多层配电网简化为简单配电网，从而简化了判断故障元件对负荷点影响的过程，与故障模式后果分析法相比，在一定程度上能够减少计算量。其不足之处在于，对于复杂的配电网，需要对子系统进行连续多次等效，所采用的上行和下行等效机制会使计算过程非常复杂。

（4）区间算法。区间算法考虑了因配电网自身的特点如节点数目众多等因素导致网络数据和运行数据包含不确定信息的情况，将区间数学思想引入了可靠性评估。考虑负荷节点故障在某个区间变化时可靠性指标的变化区间，建立了配电系统可靠性的区间分析公式，有效地处理配网中大量的不确定信息。

（5）裕度法。裕度法是日本目前广泛使用的一种配电网供电可靠性评估方法。首先对实际配电网的网络结构模型进行分析，将系统划分为"多分割多联络"的标准结构，求出馈线的裕度、运行率和联络率等参数，然后以馈线为单位，利用供电可靠性计算公式，计算出系统和负荷点的供电可靠性指标。该方法可以考虑多种因素的影响，适用于地区性和大规模系统的供电可靠性评估，但它存在通用性比较差、计算复杂等缺点。

6.2.2 模拟法

模拟法是将系统中每个元件的概率参数在计算机上用相应的随机数表示，按照对此模拟过程进行若干时间的观察，估算所要求的指标，但是为了获得较高的计算精度而花费时间很多，且模拟法也不便于进行有针对性的分析。

模拟法主要是指蒙特卡洛模拟法（Monte Carlo Simulation Method），它以元件可靠性的原始数据为前提，用计算机进行抽样来模拟可能随机出现的运行状态，并通过概率统计的方法计算出要求的可靠性指标。该方法的特点在于十分灵活，不受系统规模的限制，而且能给出可靠性指标的概率分布，但是其耗时多且精度不高。

蒙特卡罗模拟法的基本思想是：为了求解工程问题，首先建立一个概率模型或随机过程，使它的参数等于问题的解；然后通过对模型或过程的观察或抽样实验，计算所求参数的统计特征，最终得出所求解的近似值，而解的精确度可用估计值的标准误差来表示。

（1）蒙特卡洛法分类。在对电力系统进行可靠性评估时，根据是否考虑系统状态的时序性，将其分为序贯仿真、非序贯仿真、准序贯仿真。

1）非序贯仿真（Non-sequential Simulation）。非序贯仿真又称状态抽样，它不考虑系统的时序性，并且一般也不考虑元件的修复情况，按抽样次数对可靠性指标进行统计。

非序贯仿真的计算速度较快，算法实现也较为简单，但因不考虑系统的时序性，所以计算结果中一般没有有关故障频率和持续时间的可靠性指标，这是一个很大的缺点。近年来，研究人员探讨在非序贯仿真中加入元件的修复功能，并通过严格的推导得到了计算频率变化区间的方法。由于采用简化措施和抽样次数有限，一般很难准确计算频率指标，仅具有一定的参考价值。

2）序贯仿真（Sequential Simulation）。序贯仿真考虑了系统的时序性如负荷随时间变化情况和机组检修等，因此可以计算有关工作频率和持续时间的可靠性指标。由于真实地模拟了系统的动作顺序，序贯仿真可用于生产模拟，可以计算停电损失等经济指标，从而对系统规划和可靠性裕度的评价起指导作用。

序贯仿真的缺点是计算量很大，在大型组合电力系统中应用存在一定困难。序贯仿真适用于时变电源和时变负荷，诸如受季节和梯级调度影响的水力发电、受风速影响的风力发电、受时间和天气影响的太阳能发电等时变电源，峰谷差异较大的负荷、节点间负荷变化不是完全线性相关的情况。

3）准序贯仿真（Pseudo-sequential Simulation）。准序贯仿真同序贯仿真一样，在抽样中形成 8760h 元件和系统的运行状态，按年度平均统计系统可靠性指标。但计算中，随机抽取任 1 年中任一时段的系统运行状态，如故障则计算其故障频率和持续时间指标，否则任意抽取另一运行状态来检验。

（2）蒙特卡洛法仿真过程。对任何元件模型如变压器和馈线，一般有 2 种时间状态：无故障工作时间（time to failure，TTF）和维修时间（time to repair，TTR）。参数 TTF 和 TTR 是随机变量并假定其服从指数分布，可以得到：

$$TTF = -\frac{1}{\lambda}\ln x \qquad (6-22)$$

$$TTR = -\frac{1}{U}\ln x \qquad (6-23)$$

式中　x——在 ［0，1］ 上均匀分布的随机数；

　　λ——故障率；

　　U——修复时间。

模拟法计算元件可靠性即不断产生随机数，将其转化为工作时间和维修时间直到模拟的时间大于预定的任务时间，随机模拟过程如图 6-3 所示。

已知元件的可靠性参数和配电网的结构，用蒙特卡洛法计算配电网的可靠性指标仿真步骤如下：

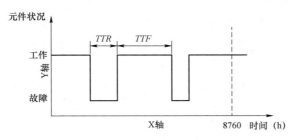

图 6-3 随机模拟过程

1）对系统中每个元件生成一个随机数，根据 *TTF* 的分布概率计算各个元件的 *TTF*；

2）比较各个元件的 *TTF*，取 *TTF* 最小（*mTTF*）的元件为故障元件，仿真时间 $T = T + mTTF$；

3）对故障元件生成一个随机数，根据 *TTR* 的分布概率计算该元件的 *TTR*，仿真时间 $T = T + TTR$；

4）确定被故障元件影响的负荷点，这些负荷点的故障次数增加 1 次；根据网络结构确定这些负荷点的故障时间是故障元件修复时间或隔离开关操作时间；

5）如果仿真时间 T 小于设定的时间段（8760h），回到步骤1），否则到步骤6）；

6）计算在该时间段内，各个负荷点的故障次数和故障时间总和；

7）如果仿真次数小于设定的仿真年数，回到步骤1）；

8）计算设定年数内的各个负荷点的故障率和故障时间的平均值；

9）计算该系统的系统可靠性指标。

模拟法的模拟次数与系统的规模无关，适合求解比较复杂的系统。但是模拟法不适合进行有针对性的分析，计算量大且计算精度与耗费的时间关系密切。

此外，还有称为混合法的可靠性评估方法，即将蒙特卡洛模拟法和解析法结合起来。先用模拟法随机模拟出系统的运行状态，再用解析法求取所模拟出的状态持续时间，取代对状态时间的抽样。该方法提高了传统模拟法的效率，可以减小统计量的方差。

6.2.3 人工智能法

近年来，人们尝试将人工智能的方法引入到可靠性分析领域，比如人工神经网络法、模糊可靠性评估法等。

人工神经网络方法虽然能够考虑网络结构变化等多种实际运行条件的影响，但由于其设计比较困难，隐含层中的节点数的选取不能很好解决，因此进展不大。

模糊可靠性评估法是利用模糊数来表示设备的故障率、修复率等概率数值的不确定性，通过模糊集合运算得到电网的模糊可靠性指标。

6.3　基于最小割集法的配电网供电可靠性评估方法

6.3.1　基本原理

最小割集法是解析法中较为常用的一种，在理论研究工作和各类可靠性分析和评估软件中应用较为广泛。

（1）可靠性网络模型的连集等效模型。连集是一些元件的集合，当这些元件都工作时，系统才能正常工作。保证系统正常运行的元件集合的最小子集合，称为最小连集。在配电网络中，最小路的定义如下：如果在通道中没有两次以上经过同一结点或交叉点，那么这个某两节点之间的通路是最小的。对于复杂系统的最小连集的判别方法有联络矩阵法、布尔行列法等，但这些方法都不适合程序化。利用图论的方法，采用一种适于计算机判别网络全部最小连集的广度优先搜索算法。具体步骤是：

1）给网络模型的支路编上序号；

2）给每个节点编上节点序号，每个支路头尾节点采用链表类进行动态存储；

3）从负荷点开始搜索，访问当前点的所有邻接顶点，然后再依次从已访问的邻接顶点继续搜索，直到电源点为止，同时记录所通过的路径；

4）运用广度优先搜索算法找出网络的全部最小连集。

用最小连集理论确定系统的可靠性网络模型时，各连集间是并联关系，连集内元件以串联形式连接。图6-4所示网络模型的最小连集为（A、C）、（B、D）、（A、E、D）、（B、E、C）。

（2）可靠性网络模型的割集等效模型。配电系统的故障模式直接与系统的最小割集相关联。最小割集是一些元件的集合，当它们失效时，必然会导致系统失效。最小割集法是将计算的状态限制在最小割集内，避免计算系统的全部状态，从而大大节省了计算量。每个割集中的元件存在并联关系，近似认为系统的失效度可以简化为各个最小割集不可靠度的总和。用最小割集理论确定与复杂网络等效的可靠性网络模型。以图 6-4 为例，可得到该网络模型的最小割集为（A、B）、（C、D）、（A、D、E）、（B、C、E）。

（3）复杂网络的等效转换。对于复杂的系统，其最小割集用直观识别越来越困难。为便于计算程序化，本文采用由最小路求取最小割集法。以图 6-4 为例，首先，搜索从负荷点至电源点之间的所有最小路，在搜索最小路过程中采用链表类进行动态存储及最终结果存储。通过最小路中节点信息导出元件信息，并建立如下连集矩阵：

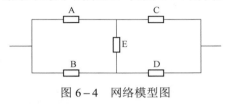

图 6-4　网络模型图

$$T = \begin{pmatrix} 1 & 0 & 1 & 0 & 0 \\ 0 & 1 & 1 & 0 & 1 \\ 0 & 1 & 0 & 1 & 0 \\ 1 & 0 & 0 & 1 & 1 \end{pmatrix} \tag{6-24}$$

其列序号为网络的支路序号，其行数为网络的最小连集数。每 1 行为一个最小连集，"1"表示该列序号的支路在此连集中，"0"表示该列序号的支路不在此连集中。然后，由连集矩阵导出最小割集。在连集矩阵中，如果某 1 列元素均为"1"，对应元件即为网络的 1 个 1 阶最小割集。因为该元件失效，将会导致系统发生故障。对于连集矩阵中任意两个列向量，如果进行逻辑加运算，得到的是单位列向量，则这 2 列所对应的 2 个支路上的元件组成了该系统网络的 2 阶割集。当这 2 个支路上的元件发生故障时，即系统发生故障。同理可以得到系统的多阶割集，但应删除重复割集。根据网络的最小连集矩阵（6-24）得到网络的最小割集矩阵（6-25）：

$$T = \begin{pmatrix} 1 & 1 & 0 & 0 & 0 \\ 0 & 0 & 1 & 1 & 0 \\ 1 & 0 & 0 & 1 & 1 \\ 0 & 1 & 1 & 0 & 1 \end{pmatrix} \tag{6-25}$$

其列序为网络的支路序号，每 1 行为最小割集。"1"表示该序列号支路上的元件在此割集中，"0"表示不在此割集中。在配电系统中，由于低阶割集支配了系统的可靠性指标，故在求最小割集时只求到 3 阶。

6.3.2 评估算法

计及计划检修、备用电源、活动性故障（引起失效元件的主保护动作）、转移负荷的影响，基于最小割集法的配电网可靠性评估的原理流程如图 6-5 所示。

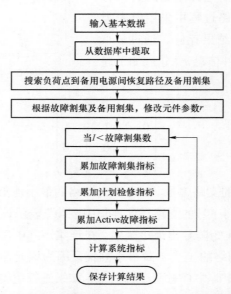

图 6-5 基于最小割集法的配电网可靠性评估的原理流程图

6.3.3 评估建模

利用最小割集法进行可靠性预测评估，其建模过程主要包括网架结构建模和可靠性参数设定。网架结构建模是最小割集法的基础，其准确程度直接决定了评估结果的精确程度。设备可靠性参数体现了实际配电网中各方面因素的影响，可以根据历史统计数据并综合考虑各种影响因素得出。算法模块的输入就是网架结构和设备可靠性参数，算法模块的输出是可靠性评估结果，如图 6-6 所示。

6.3.3.1 评估条件

（1）边界条件：

1）选取研究对象；

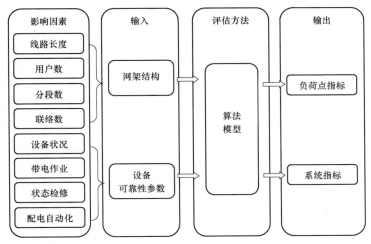

图 6-6 可靠性预测评估影响因素与输入、输出示意图

2）高压配电网作为中压配电网评估和优化的边界条件；低压配电网暂不作分析；

3）考虑开关设备的自动化水平；

4）考虑线路间的转供能力；

5）事故扫描时使用简化潮流计算；

6）所有同类型设备可使用同样的可靠性参数。

（2）约束条件：

1）满足负荷转供时的基本容量约束；

2）满足潮流（简化）计算后的各类相关电气约束；

3）可将最大恢复容量或最大恢复用户数作为优化目标。

6.3.3.2 物理模型

（1）基本物理模型。本课题应用的可靠性评估模型属于基于故障模式影响分析的配电网可靠性评估模型,评估工具在上述基本物理模型基础上进一步结合了最小割集数学分析方法,能够考虑故障后的潮流等约束和转供条件,可应用于较大规模配电网的可靠性评估。

（2）设备的可靠性模型。

1）设备的可靠性参数。设备（或元件）的可靠性参数主要包括永久故障率、平均修复时间、平均切换时间、操作失败率等参数。

但在进行配电系统仿真时,精确的设备可靠性参数往往与工程实际存在较大差异，而且我国目前的大多数电力设备并没有完备的故障管理系统来获取可靠性数据。对于具备 SCADA 的区域，可以通过记录故障发生时刻和用户恢复供电时刻来获取相应的可靠性参数（如平均修复时间）；对于自动化水平较低的区域，往往只能通过用户投诉信息来获取可靠性参数。此外，必要的话，还可以通过相关工业技术标准、调研报告、技术会议文件等途径获取设备可靠性参数，以供建模使用。

2）设备的可靠性模型。配电网可靠性评估模型是由不同种类的设备组成的，主要包括导线、开关类设备、变压器等，在进行可靠性评估之前，需要使用设备可靠性参数对其进行建模。

导线主要分为架空线和电缆，架空线的可靠性受到多种因素影响，例如投运年限、环境植被、雷击、动物活动等，故障率较高，但修复时间较短。电缆受外部因素的影响较少，主要影响因素来自于投运年限、绝缘水平、制造水平等，而且修复时间较长。

开关类设备最重要的可靠性参数是平均切换时间，自动化水平、地理状况、运行经验等是影响其可靠性参数的主要因素。

开关类设备中具有保护功能的包括熔断器、断路器等，其主要作用在于快速隔离故障区域，为其他设备的恢复创造条件。保护设备的可靠性主要由操作失败率来表示，这一参数主要受投运年限、运行环境、维护水平、制造水平等因素影响。

变压器的主要可靠性参数是永久故障率和平均修复时间，变电站主变压器通常故障率较低，但修复时间很长，配电变压器则往往相反。

（3）可靠性评估模型的构建与简化。如果按照配电网实际情况详细构建包含所有设备的可靠性模型，将使全系统的可靠性评估模型变得十分庞大，很难进行有效分析，因此，有必要对可靠性评估模型进行合理的构建与简化，在保证工程精度的基础上使其更易于分析。

1）数据转换。利用已有的信息系统，获取电气接线图、设备参数、负荷水平等数据。

2）区域选择。研究区域是利用可靠性模型进行分析评估的对象，应该包含所有可用的电源、开关、线路等设备。

3）模型简化。目前已有研究表明，对于中压配电网可靠性评估而言，变电站的可靠性模型可以从配电网模型中分离出来单独计算，并将其评估结果作为边界条件应用到下级配电网模型中。而在中压配电网模型中可将变电站及其上级电源进线简化为一个无穷大容量电源点进行处理。

对于以中压配电网为对象的研究，可以以干线网络为主，其支线和低压网络可进行适当的简化处理，通常作为集中式的负荷点进行建模，并赋以集中式的等值可靠性参数。由于这些简化方式保留了基本的电压及负荷特性，对评估精度基本不会造成影响。此外，对于可通过开关进行隔离的负荷区段而言，同一区段内的负荷也可以作为集中式负荷点进行建模。

6.3.3.3 可靠性参数校正

（1）校正的出发点。由于配电设备在管理和运行环境方面的差异，其理论故障率、模型精度等可靠性模型相关参数往往与实际情况存在差别，由此计算出的理论可靠性评估结果可能出现偏差。

很多供电企业往往缺乏详尽的设备历史可靠性数据，但一般都会有系统历史可靠性指标记录。当可靠性的理论评估结果与历史可靠性指标趋近的时候，从概率的角度来看，可认为其评估模型和结果的置信度是较高的，具有进一步深入应用的价值。因此，为使理论评估结果更趋近于实际情况，为深入评估奠定基础，需要利用可靠性相关的历史统计数据，对诸如配电线路等设备的故障率和维修时间等参数进行校正。这一校正过程反映了如下两方面内容：可靠性参数能够较为精确的反应元件的实际可靠性概率特征，且系统可靠性指标对于这些可靠性参数的变化是相对敏感的。

使用校正后参数进行可靠性预测时，相当于隐含考虑了影响系统可靠性的多种不确定因素，如管理水平、气候条件等。它所反映的是系统整体情况，而不仅仅是某几条线路的变化。

（2）校正的理论支撑。

1）设备故障率与可靠性指标之间存在确定的数理关系：

$$\begin{bmatrix} SAIFI_t \\ MAIFI_t \end{bmatrix} = \begin{bmatrix} \dfrac{\partial SAIFI}{\partial \lambda_S} & \dfrac{\partial SAIFI}{\partial \lambda_M} \\ \dfrac{\partial MAIFI}{\partial \lambda_S} & \dfrac{\partial MAIFI}{\partial \lambda_M} \end{bmatrix} \begin{bmatrix} \Delta \lambda_S \\ \Delta \lambda_M \end{bmatrix} + \begin{bmatrix} SAIFI_i \\ MAIFI_i \end{bmatrix} \tag{6-26}$$

2）各可靠性指标之间存在确定的数理关系：

$$SAIDI_t = \frac{\partial MTTR}{\partial MTTR} \Delta MTTR + SAIDI_i \tag{6-27}$$

利用以上关系，在给定的边界条件和约束条件下，可通过数值解法进行迭代求解，进而可获得满足一定精度的故障率及修复时间等可靠性参数修正结果。

（3）高压配电网的处理。高压配电网的设备可靠性和运行水平一般都很高，特别是在满足 $N-1$ 的情况下，网络及变电站多能达到 99.999%以上的可靠率，因此高压配电网可不做校正处理。

6.3.3.4 系统建模

完善的可靠性评估应以配电系统模型为基本平台，而配电系统模型的建立离不开高效的图形建模工具。本章使用加拿大 CYME 公司的 CYMDIST 配电网计算分析软件包作为基本建模和分析工具，允许用户使用图资维护功能绘制和维护配电网地理接线图或单线图，自动生成和管理网络拓扑，具有完备的图模一体化特性。可以建立馈线模型、设定元件参数，或从第三方 AM/FM/GIS 软件导入系统数据，并可直接从单线图上修改各类参数及查看计算分析结果。

本章的系统建模过程采用了以区域地理图作为背景底图，在此基础上绘制配电网电气单线图的建模方式，所需的基本数据主要包括：

1）网络结构、接线方式、线路分段、配电设备情况等；

2）负荷容量与供电用户数、用户类型等；

3）各类设备的主要故障参数，如故障率（瞬时故障和永久性故障）和修复时间、开关切换时间（或故障隔离时间）、误动率（对于保护和开关设备）等；

4）停电历史数据，如故障、检修和限电历史记录等；

5）气候相关数据，如恶劣气候所占的时间百分比、恶劣气候下的设备可靠性参数等；

6）自动化实施情况，如实施自动化的设备等。

6.4 基于可靠性的成本效益分析方法

6.4.1 可靠性成本/效益分析模型

目前已有不少专著和文献论述供电可靠性的成本/效益分析，这里不再赘述，只对基本分析模型所涉及的重点内容进行概要性阐述。

为便于衡量和计算某一供电可靠性水平下电网所产生的社会和经济效益，可以将可靠性效益用缺电成本，即由于电力供给不足或中断引起用户缺电、停电而造成的经济损失来表示。显然，在单位缺电成本不变的情况下，缺电成本越低，可靠性效益越高。这样就可以把可靠性改善方案的可靠性成本与可靠性效益统一在电网的经济性上衡量，便于通过可靠性成本/效益分析进行优化。

可靠性成本/效益分析可用边际成本与边际效益概念来说明。定义可靠性边际成本为：为增加一个单位可靠性水平而需增加的投资成本。定义可靠性边际效益为：因增加了一个单位可靠性水平而获得的效益或因此而减少的缺电成本，故也可称为边际缺电成本。在图 6-7 所示的可靠性成本/效益分析曲线中，*UC* 代表可靠性边际成本曲线；*CC* 代表可靠性边际效益曲线或边际缺电成本曲线；*TC* 为边际供电总成本曲线。

由供电可靠性成本/效益分析的相关理论可知，在可靠性成本/效益分析曲线中，当可靠性边际成本等于可靠性边际效益时，边际供电总成本最低，这时所对应的可靠性水平 R_m 为最佳可靠性水平。图 6-7 中 *UC* 和 *CC* 曲线对横坐标的积分值是实际的可靠性投资成本和可靠性效益。

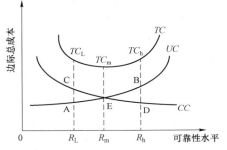

图 6-7　可靠性成本/效益分析曲线

当电网建设投资费用的增加小于缺电成本的减少，此时可靠性水平的提高只需较少的投资费用，投资增加能够获得收益（即图 6-7 的 A、C 段）；当投资费用的边际增加将完全为停电损失成本的边际减少所抵消，供电总成本达到最小（即图 6-7 的 E 点）；当电网建设投资费用的增加大于缺电成本的减少，此时系统可靠性水平的提高需要大量增加投资费用，投资增加已不能获得收益（图 6-7 的 B、D 段）。

6.4.2　可靠性成本/效益计算方法

配电网的可靠性成本就是供电企业为使供电可靠性达到一定水平所花费的成本，包括系统建设与改造的一次投资费用、设备运维与管理费用、人工费等，这些费用的总和就是配电网供电可靠性成本。在实际计算当中，还要考虑货币时间价值的划分和货币时间价值的转换，通常可把成本等年值转换为现值进行计算。此外，由于各类可靠性优化措施往往不仅为提高可靠性服务，通常还有其他目的（如降低线损、提高服务质量等），因此，在计算投资时，应考虑各项投资在不同区域中用于提高可靠性的比重，即需要设定每项投资成本的可靠性可用系数，这样才能更为实际的衡量可靠性投资成本。

供电可靠性成本计算相对容易，但其可靠性效益计算却比较困难，特别是社会效益较难估算。一般为便于计算，可以把为提高供电可靠性水平而采取的措施所产生的可靠性效益转化为对停电成本减少的计算。显然，在单位停电成本不变的情况下，停电成本越低，可靠性效益就越高。为使算法更具可操作性，本章采用 GDP 估算法，即按照单位缺供电量减少的 GDP 来计算平均停电成本，它反映了停电对整体经济的平均影响，这种影响对不同的区域是不同的。

6.4.3　Pareto 曲线及其生成方法

6.4.3.1　Pareto 曲线

如果由于供电不可靠而造成电力用户停电，不仅可能会给用户带来严重经济损失和不良社会影响，还会给供电企业带来由于少售电量和赔偿用户停电损失而产生的经济效益降低。但对供电企业来讲，提高供电可靠性与提高企业经济效益往往相互矛盾。采取哪些措施的合理组合来提高供电可靠性才能以合理的投资成本获得最佳的可靠性水平；或者应该以多大的投资成本把可靠性提高到何种水平为最佳，这些都需要通过可靠性效益/成本分析来进行决策。

配电网可靠性成本定义为供电部门为使配电网达到一定的供电可靠性水平而需增加的投资；配电网的可靠性效益定义为因电网达到一定的可靠性水平而使用户获得的效益，体现在停电损失上就是使用户的停电损失减少。

基于供电可靠性的馈线系统规划属于多属性规划，涉及费用最小化和可靠性最大化问题。由于费用最小化和可靠性最大化在本质上是相互冲突的，因此多属性规划在大多数情况下不存在唯一"最好的"备选方案，不能像单属性规划问题那样来优化。Pareto 曲线为规划人员提供了多种"优化的选项"。

Pareto 曲线指用来表示多属性决策中一组备选方案的一种图形，在某种意义上，图形上的备选方案都是最优的，因为它们各自代表了两种属性权衡后的优化解。Pareto 曲线上的每一个点都代表一个可靠性和费用的"最佳组合"，任何一个可靠性水平的获得最少要花费曲线上所表示的费用。

6.4.3.2　Pareto 曲线生成方法

采用可靠性成本/效益分析模型生成 Pareto 曲线的一般步骤如下（详见图 6-8）：

（1）选定一块示范区，分析示范区配电网的现状、供电可靠性以及停电责任分析，找出配电网的薄弱环节，根据 DL/T 5729—2016《配电网规划设计技术导则》判别示范区类型，共包括 A+、A、B、C、D、E 6 种类型供电区域；

（2）根据示范区市政规划与控制性详细规划，对示范区进行负荷总量预测与负荷空间预测；

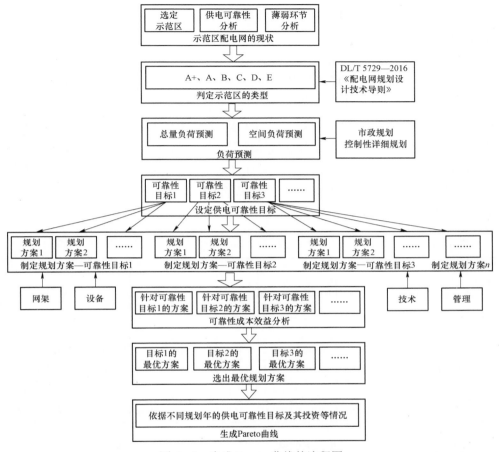

图 6-8　生成 Pareto 曲线的流程图

（3）针对示范区配电网现状以及负荷预测结果，提出示范区配电网规划年的供电可靠性目标，可以针对示范区配电网的情况提出不同的供电可靠性目标，也可以针对不同规划年提出不同的供电可靠性目标；

（4）依据每个供电可靠性目标，从网架、设备、技术与管理等不同手段入手，制定示范区配电网的多种规划方案，包括维持现状的方案；

（5）针对每个供电可靠性目标下的每种规划方案，采用相关软件对每种规划方案进行可靠性计算、投资估算与可靠性成本效益分析，选出每个供电可靠性目标下可靠性成本效益最优的方案作为该可靠性目标下的最终规划方案；

（6）根据每个供电可靠性目标下的最优规划方案的供电可靠性目标与投资，画出 Pareto 优化曲线（一般至少需要 2 个不同的供电可靠性目标，才能拟合出曲线，最好为 3 个及以上的供电可靠性目标）。

6.4.3.3 实例分析

下面依据上述流程，对一个实际算例进行分析。

根据 DL/T 5729—2016《配电网规划设计技术导则》，针对 A+、A、B、C、D 供电类型，分别选取 1 个示范区。

根据 2015 年的供电可靠性目标，为 A+类供电区域生成不同的规划方案，采用中国电科院配电网规划计算分析软件对不同规划方案进行可靠性计算，然后估算不同规划方案的投资与效益，并进行可靠性成本效益分析，从中选出成本效益最优的方案。其他类型（A—D 类）供电区域依次类推。计算结果见表 6-3 和表 6-4。

表 6-3　　　　　　　　　5 类示范区配电网的相关参数

供电区域	面积（km²）	负荷（MW）	2012 年供电可靠率（%）	2015 年提升后供电可靠率（%）	户均停电时间减少值（min）	购售电差收入效益	社会经济效益	网架	设备	技术	管理
A+	62.58	1316.99	99.991 6	99.997 6	31.97	59.5	650.3	22 258.4	18 619.1	27 573.0	13 706.0
A	192.23	1624.56	99.955 1	99.989 9	182.2	132.3	2788.94	22 745.1	15 464.4	21 280.7	10 155.2
B	848.33	3428.67	99.905 87	99.970 9	317.4	177.1	8177.25	24 740.2	22 493.0	16 097.9	7980.2
C	2439.59		99.845	99.927 5	438.174 1	162.3	12 734.3	23 400.6	15 896.9	12 215.5	5443.46
D	3644.10	493.09	99.830 1	99.880 5	275.9	185.7	3058.2	14 290.67	8444	3012	1848

表 6-4　　　　　　不同类型示范区配电网 2015 年的成本效益分析结果

供电区域	减少单位停电时间的费用（元/min/kW）				
	合计	网架	设备	技术	管理
A+	132.96	58.11	49.70	21.99	3.16
A	38.75	13.37	7.63	15.23	2.52
B	10.03	6.40	2.35	1.10	0.18
C	6.62	2.34	2.47	1.47	0.35
D	3.41	1.11	0.61	1.57	0.12

依据表 6-3 的计算结果，采用 Matlab 生成不同类型区域配电网可靠性与投资的 Pareto 曲线，如图 6-9 所示。通过采用网架与设备升级改造、技术与管理措施，来提高供电可靠性，因此不同措施的 Pareto 曲线如图 6-10 所示。通过计

算分析可知:

（1）对于该 A＋类示范区，2015 年要达到 99.997 6%的供电可靠性目标，则减少单位停电时间的费用为 132.96 元/min/kW 是最优的，因此 A＋类供电区域的减少单位停电时间的费用在接近该值是比较合理的，其他类型供电区域类似。

（2）从图 6－9 可以看出，供电可靠性目标越高，户均停电时间越短，减少单位停电时间的费用越高，相反供电可靠目标越低，户均停电时间越长，减少单位停电时间的费用越低。

（3）从图 6－10 可以看出，采用不同的提高供电可靠性的措施，如网架与设备升级与改造，先进的技术与管理手段，趋势与总体趋势是一样的，供电可靠性目标越高，采用不同手段减少单位停电时间的费用越高。

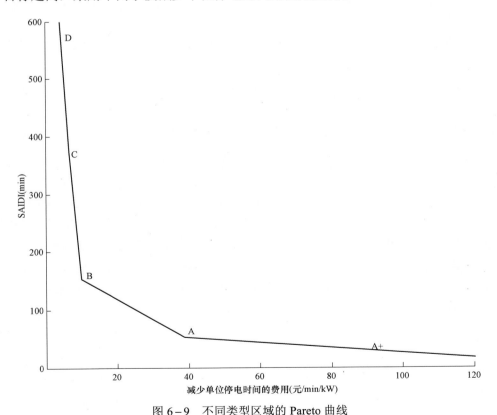

图 6－9　不同类型区域的 Pareto 曲线

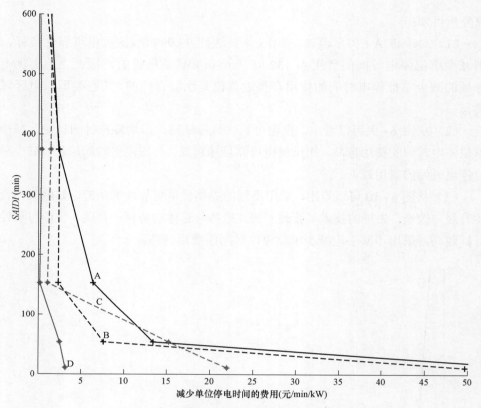

图 6－10　不同类型区域不同措施的 Pareto 曲线

（4）从图 6－10 还可以看出，不同类型示范区在网架、设备、技术与管理上的投资是不同的，其中 A＋与 B 类供电区域在网架上的投资最多，其次是设备投资，然后是技术投资，最后是管理，因此减少单位停电时间的费用从高到低依次是网架、设备、技术和管理；A 与 D 类供电区域在技术上的投资最多，其实是网架、设备与管理；C 类供电区是在设备上投资最多，其次是网架、技术与管理。

第7章

配电网典型网架结构的
可靠性、经济性评估

7.1 可靠性评估的基本模型

7.1.1 负荷密度范围

为模拟不同地区、不同发展阶段的中压配电网，负荷密度按 0.1、0.5、1、5、10、20、30、40、50MW/km² 9 个层次来考虑。

其中，架空网选择 0.1、0.5、1、5、10、20MW/km² 6 种情况，电缆网选择 1、5、10、20、30、40、50MW/km² 7 种情况。

7.1.2 网架结构

实际的配电网络中，各种网架结构存在很多复杂的变化，为了简化计算过程，并保证算例的典型性，在建模中对目标网架结构做如下设定：

（1）双射式、对射式可以为对供电可靠性要求较高的用户提供双电源供电，同时现实中也存在部分单电源用户接入其中 1 条射线的情况。双电源供电有 1 主 1 备和分供的形式。假设这两种网架结构接入的均为双电源用户，并假设所有双电源用户都是双配电变压器互为热备用，各带 50%负荷，低压侧互联，且低压互联开关都可以通过自动投切使 1 台配电变压器带全部负荷。

（2）单环式、双环式网架结构均以由双侧不同电源形成的环式网为例；N 供 1 备以 3 供 1 备为例；多分段多联络以 3 分段 3 联络为例。

（3）单电源辐射接线正常运行的负载率取为 100%，环式接线模式的负载率取为 50%，3 分段 3 联络接线模式的负载率取为 75%。各种接线模式的负载率取其正常运行时的上限。

7.1.3 场景模型

本分析模型的供电面积可调，在变电站容量一定的条件下，根据负荷密度大小改变变电站供电区域半径，使论证的计算方案更具可比性。

图 7-1 变电站供电区域为圆形

对该模型进行以下假设：

（1）电网覆盖区域内部负荷均匀分布。

（2）110kV 变电站的供电区域为圆形，半径为 R，单位为 km，面积为 s，则 $s=\pi R^2$，如图 7-1 所示。

（3）假设变电站供电半径随负荷密度的变化而变化，则有：

$$R = \sqrt{S / (\pi D K_1)} \qquad (7-1)$$

式中 D ——供电区域内饱和负荷密度，MW/km²；

K_1 ——主变压器容载比；

S ——变电站主变压器总容量，MVA。

架空、电缆线路均按 3 分段考虑。相邻变电站均衡地互相提供联络、备用，即提供联络、备用的回路均衡分布到各变电站。

根据上述假设，采用以下方法对网络规模进行估算。

（1）110kV 变电站座数：

变电站座数=该电压等级供电负荷/（变电站容量×负载率）

其中，负载率的设置应使变电站满足 $N-1$ 要求，变电站为 3 台主变压器时负载率取 67%。

本模型中 110kV 变电站选用 3 台主变压器，单台主变压器容量为 50MVA。

（2）中压线路条数。中压配电线路建设规模按照中压配电线路经济输送容量估算出线回路数：

中压线路条数=总负荷/中压线路可用输送容量

负载率的设置应使线路满足 $N-1$ 要求和经济运行条件，计算中压线路负载率取值与网架结构相关，典型网架结构下的中压线路理论负载率及输送容量见表 7-1。

表 7−1　　　　　　典型网架结构下的中压线路负载率和输送容量

	网架结构	理论负载率	线路型号	线路限额电流（A）	限额输送容量（kVA）	可用输送容量（kVA）
架空	辐射式	100%	JKLYJ−240	553	9578	9578
	单联络	50%	JKLYJ−240	553	9578	4789
	3 分段 3 联络	75%	JKLYJ−240	553	9578	7184
电缆	单射式	100%	$YJV_{22}-3\times400$	482	8348	8348
	双射式对射式	50%	$YJV_{22}-3\times400$	482	8348	4174
	单环式	50%	$YJV_{22}-3\times400$	482	8348	4174
	双环式	50%	$YJV_{22}-3\times400$	482	8348	4174
	3 供 1 备	75%	$YJV_{22}-3\times400$	482	8348	6261

注　1. 线路限额电流参考 Q/GDW 519—2010《配电网运行规程》。

　　2. 表中"理论负载率"均指满足峰值负荷下 $N-1$ 的线路理论负载率（架空辐射式与电缆单射式除外），下文同。

　　3. 限额输送容量 = 1.732×10kV×限额电流。

　　4. 可用输送容量 = 理论负载率×限额输送容量，表示理论负载率时可以达到的输送容量。

10kV 线路型号及主要参数见表 7−2。

表 7−2　　　　　　　　10kV 线路型号及主要参数　　　　　　　　　A

类型	线路型号	线路限额电流
架空线	JKLYJ−150	403
	JKLYJ−185	465
	JKLYJ−240	553
电缆	$YJV_{22}-3\times240$	377
	$YJV_{22}-3\times300$	423
	$YJV_{22}-3\times400$	482

注　依据 Q/GDW 519—2010《配电网运行规程》。

（3）中压线路供电半径。假设中压网络是以 110kV 变电站为中心的分区分片供电模式，供电区域近似为圆形，则中压线路供电半径为：

中压线路供电半径 = $[110kV$ 变电站容量 × 负载率 / （负荷密度 × π）$]^{1/2}$

（4）中压主干线路长度。中压线路曲折系数一般取 1.414，则中压主干线长度为：

中压主干线路长度 = 中压线路条数 × 中压线路供电半径 × 线路曲折系数

（5）中压分支线路长度。中压网络分支线结构复杂，计算模型中只考虑次干线规模。主干线、分支线长度比例设定如下：对于架空网，辐射式取 1:1，分段单联络取 1:0.5，分段 3 联络取 1:0.75；对于电缆网，单辐射取 1:1，双射式、对射式、单环网、双环网取 1:0.5，3 供 1 备取 1:0.75。

（6）其他边界条件。

1）当采用不同的网架结构为同一规模的区域供电时，认为 110kV 及以上高压配电网结构及高压变电站座数基本相同，因此，作为电源点对中压用户供电可靠性影响差别不大，而影响主要在于中压网架结构。

2）认为上级电源可靠性足够高，变电站母线的可靠率设定为 99.999%。

3）变电站功率因数统一取为 0.95，线路功率因数统一取为 0.90。

4）10kV 电缆线路的型号统一取 $YJV_{22}-3×400$，架空线路的型号统一取 $JKLYJ-240$。

5）忽略开关误动概率，如开关误分闸、拒分闸、拒合闸等。

6）不考虑故障类型，即不论发生的故障是单相还是三相，都将断开三相。

7）不考虑配电变压器的故障对配电网可靠性的影响。

8）同路径多条电缆同时故障的概率较低，根据某些城市的运行经验，通常不到电缆故障率的 1%。

7.1.4 设备可靠性参数

设备可靠性参数主要包括设备的故障率和修复时间，对开关类设备来说还包括其切换时间、误动率等。一般来说，设备可靠性参数根据历史数据统计得出。在可靠性系统尚未完善、数据样本比较小的情况下，可能会出现设备可靠性参数统计不够准确的情况。

各类设备故障率及故障停电时间见表 7-3 和表 7-4。由于设备的故障率和修复时间应根据设备在长期运行中的表现统计得出，并且与运行环境、管理水平都有关系。为了具有典型性，采用的可靠性参数数据的设定参考了某些典型城市的统计数据。

表 7-3 线 路 的 可 靠 性 数 据

设　　备	设备故障率 ［次/（100km·年）］	平均修复时间 （h）
架空线路	8.23	2.5
电缆线路	3.24	5.5

表 7-4 典型设备的可靠性数据

设　　备	设备故障率 ［次/（100 台·年）］	平均修复时间 （h）	开关切换时间 （h）
出线断路器	0.10	7.5	1.5
开关（分段和联络）	1.24	4	1.5

注　1. 出线断路器是指线路的出线断路器；开关包括了架空网和电缆网中用作分段和联络的所有开关。
　　2. 开关切换时间不考虑自动化条件下的取值。

7.2　典型网架结构的可靠性评估

　　根据可靠性算法的原理，使用中国电科院配电网规划计算分析软件作为分析工具，针对各种典型网架结构，分别计算其可靠率及系统平均停电时间等指标。研究其可靠性随负荷密度的变化趋势，并比较在同一种负荷密度条件下不同网架结构的供电可靠性。表 7-5 给出了中压配电网采用不同的网架结构时，不同负荷密度下的可靠性指标。

　　不同负荷密度条件下典型网架结构的供电可靠性评估结果（仅考虑故障停电，不考虑预安排停电）见表 7-5。

表 7-5 典型网架结构供电可靠性对比表

项目	负荷密度 （MW/km²）	架空网			电缆网					
		辐射式	单联络	3分段3联络	单射式	双射式	对射式	单环式	双环式	3供1备
可靠率 （%）	0.1	99.947 78	99.955 84	99.956 84	—	—	—	—	—	—
	0.5	99.976 17	99.979 87	99.980 87	—	—	—	—	—	—
	1	99.982 89	99.985 55	99.986 55	99.986 84	99.998 78	99.999 02	99.994 71	99.999 11	99.995 11
	5	99.991 81	99.993 10	99.994 10	99.993 59	99.998 98	99.999 08	99.997 14	99.999 12	99.997 34
	10	99.994 01	99.994 96	99.995 96	99.995 25	99.999 02	99.999 10	99.997 74	99.999 13	99.997 84
	20	99.995 53	99.996 25	99.997 25	99.996 41	99.999 06	99.999 11	99.998 15	99.999 13	99.998 25
	30	—	—	—	99.996 87	99.999 07	99.999 11	99.998 32	99.999 13	99.998 42

项目	负荷密度(MW/km²)	架空网			电缆网					
		辐射式	单联络	3分段3联络	单射式	双射式	对射式	单环式	双环式	3供1备
可靠率(%)	40	—	—	—	99.997 19	99.999 08	99.999 12	99.998 44	99.999 13	99.998 54
	50				99.997 38	99.999 09	99.999 12	99.998 50	99.999 13	99.998 60
系统平均停电时间(min/户年)	0.1	274.5	232.1	226.8	—	—	—	—	—	—
	0.5	125.2	105.8	100.5	—	—	—	—	—	—
	1	89.9	75.9	70.7	69.2	6.4	4.7	27.8	5.2	25.7
	5	43.1	36.3	31.0	33.7	5.4	4.6	15.0	4.8	14.0
	10	31.5	26.5	21.2	25.0	5.1	4.6	11.9	4.7	11.4
	20	23.5	19.7	14.5	18.9	5.0	4.6	9.7	4.7	9.2
	30	—	—	—	16.4	4.9	4.6	8.8	4.7	8.3
	40	—	—	—	14.7	4.8	4.6	8.2	4.6	7.7
	50	—	—	—	13.8	4.8	4.6	7.9	4.6	7.3

为使分析结果更具有直观性，采用图形来表示上述关系，如图 7-2、图 7-3 所示。其中，相邻的曲线代表不同网架结构的供电可靠性指标，相同负荷密度下不同颜色的相邻柱图代表不同网架结构的供电可靠性指标。

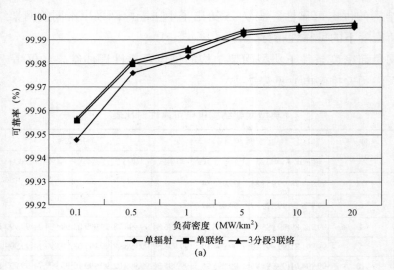

图 7-2 架空网典型网架结构供电可靠性指标（一）

（a）折线图

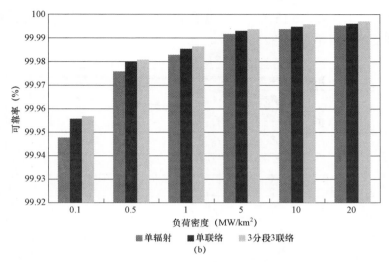

图 7-2　架空网典型网架结构供电可靠性指标（二）

（b）柱状图

根据以上计算结果分析可知：

（1）在变电站容量一定时，同样的网架结构，应用在较大的负荷密度下，其可靠性也较高。这主要是由于供电区域负荷密度越大，变电站的供电半径越小，变电站到负荷的线路长度越短，而在单位长度线路的故障率一定的情况下，线路的平均故障次数与线路长度成正比关系，所以配电网的可靠率指标就会相应的提高。

（2）架空网中 3 种典型网架结构的可靠率由高到低依次为 3 分段 3 联络、单联络、辐射式。辐射式电网由于不能满足故障情况下的负荷转供，所以可靠率很低。在均满足 $N-1$ 的负载率情况下，单联络与多联络的可靠性差距不大。即在满足负荷转供的情况下，增加联络对可靠性的提高影响不大。

（3）电缆网中典型网架结构的可靠率排序与模型、可靠性参数取值、边界条件有关。根据设定的模型和边界条件进行计算，双环式、对射式和双射式最高，3 供 1 备和单环式其次，单射式最低。

提供双电源的网架结构可靠性较高，包括双射、对射和双环。当线路发生故障时，双电源供电用户低压侧互联开关可以快速投入，使用户恢复供电。双环式和对射式可以在一侧变电站全停、同路径双回电缆同时故障的极端情况下恢复供电，因此可靠性略高于双射式。考虑到这些极端情况发生的概率很低，仅从可靠率的角度来看，双射式与对射和双环的差距并不大。3 供 1 备与单环式的可靠性次之。对 3 供 1 备来说，任何一路供电线路发生故障，均可以由备用线路恢复供电，且恢复路径简单。

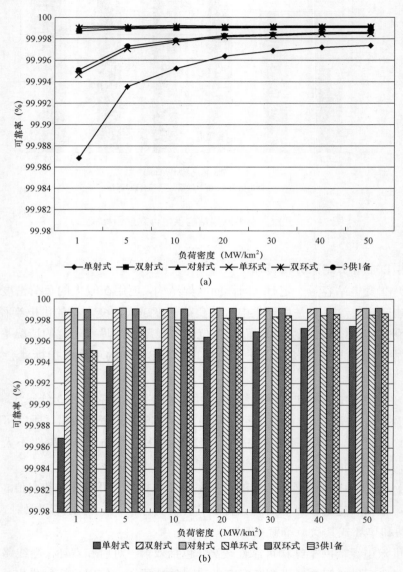

图 7-3　电缆网典型网架结构供电可靠性指标

(a) 折线图；(b) 柱状图

（4）整体来看，架空网的可靠率低于电缆网的可靠率。这主要是因为单位长度架空线路的故障率远高于电缆线路，而架空时间的修复时间小于电缆线路，综合比较起来，架空网的可靠率仍低于电缆网。另一方面，电缆网中如果使用了环网柜，由于主干线上的故障可以被两侧环网柜隔离，两侧环网柜连接的用户负荷均可以迅速恢复供电。而架空线发生故障时，连接在故障段的用户负荷需要等待故障修复，停电时间较长。

（5）以上计算是基于各种网架结构的典型形式，实际情况中各种网架结构存在一些混合形式。例如双射、双环网上可能存在单电源用户，N 供 1 备的几条供电线路中存在成对双射线为双电源用户供电的情况。这些情况下网架结构的可靠性需要另行分析。

此外还需注意，上述结论与边界条件有关，特别是对设备故障率和修复时间比较敏感。采用不同的边界条件进行计算，有可能得到略有不同的结果，但趋势和大小关系基本不变。

7.3 考虑不同负载率的典型网架结构可靠性评估

7.2 中介绍的可靠性评估都是在典型网架结构满足各自 $N-1$ 条件的理论负载率下进行的。在这种条件下，发生 $N-1$ 故障时，所有非故障段的用户均可以通过故障隔离和负荷转供迅速恢复供电。实际配电网运行中，由于用户负荷的周期性波动和季节性变化，线路实际负载率变化很大。超过线路 $N-1$ 负载率运行时，如果发生故障，由于线路容量限制，部分非故障段负荷无法由其他线路供电，造成可靠性下降。

本节对每种网架结构在不同负载率下的可靠性进行分析。为了简单起见，考虑架空网的单联络和 3 分段 3 联络，电缆网的单环式、双环式和 3 供 1 备典型网架结构。负荷密度取 5MW/km^2，根据我国年负荷曲线，近似认为每年有 300h 的负荷高峰期会以高于 $N-1$ 理论负载率运行。可靠性评估结果见表 7-6。

表 7-6　　　　　　　　考虑不同负载率的供电可靠性评估结果

项目	负载率（%）	架空网		电缆网		
		单联络	3 分段 3 联络	单环	双环	3 供 1 备
可靠率（%）	30	99.993 10	99.994 10	99.997 14	99.999 12	99.997 34
	40	99.993 10	99.994 10	99.997 14	99.999 12	99.997 34
	50	99.993 10	99.994 10	99.997 14	99.999 12	99.997 34

项目	负载率 （%）	架空网		电缆网		
		单联络	3 分段 3 联络	单环	双环	3 供 1 备
可靠率 （%）	55	99.991 39	99.994 10	99.995 43	99.997 41	99.997 34
	60	99.989 67	99.994 10	99.993 71	99.995 70	99.997 34
	67	99.987 28	99.994 10	99.991 32	99.993 30	99.997 34
	75	99.984 54	99.994 10	99.988 58	99.990 56	99.997 34
	80	99.982 82	99.992 39	99.986 86	99.988 85	99.995 63
	85	99.981 11	99.990 67	99.985 15	99.987 14	99.993 91
系统平均 停电时间 （min/ 户·年）	30	36.3	31.0	15.0	4.6	14.0
	40	36.3	31.0	15.0	4.6	14.0
	50	36.3	31.0	15.0	4.6	14.0
	55	45.3	31.0	24.0	13.6	14.0
	60	54.3	31.0	33.0	22.6	14.0
	67	66.9	31.0	45.6	35.2	14.0
	75	81.3	31.0	60.0	49.6	14.0
	80	90.3	40.0	69.0	58.6	23.0
	85	99.3	49.0	78.0	67.6	32.0

由表 7-6 分析可知：

（1）当实际负载率低于满足 $N-1$ 的理论负载率运行时，由于不影响故障情况下的负荷转供能力，因此可靠率的数值没有变化。

（2）当实际负载率高于满足 $N-1$ 的理论负载率运行时，如果发生故障，有部分负荷无法由其他线路转移供电，这些负荷必须等故障修复之后才能恢复供电，停电时间加长。对可靠性的影响与实际运行的负载率和线路的分段情况有关，极端情况下甚至所有负荷都不能转出。

（3）在较高的负载率条件下，3 分段 3 联络的可靠性明显优于单联络，3 供 1 备的可靠性明显优于单环网。可见，在低负载率条件下，网架结构之间的可靠性差距不明显。负载率越高，对网架结构的要求也越高。

（4）高负载率代表着较好的经济性。

（5）总体来说，随着实际运行负载率的提高，可靠性下降。

7.4　考虑设备寿命周期的典型网架结构可靠性评估

线路的故障率随着投运年限逐渐增大，在到达其寿命期时，故障率会大幅升高。考虑全寿命周期的可靠性参数见表 7－7，其中故障率是指全寿命期内的平均故障率。由于开关、变压器等设备的寿命周期一般远小于架空线和电缆的寿命周期，计算中暂不考虑这些设备的寿命对其可靠性参数的影响。

表 7－7　　　　　　　　　考虑寿命周期的线路故障率

设备类型	平均故障率 [次/（100km·年）]		
	20 年	30 年	40 年
架空线	8.23	10.3	15.8
电缆	3.24	3.5	3.8

注　表中部分数据根据经验设定。

取负荷密度为 5MW/km^2，在不同寿命周期下进行可靠性评估，结果见表 7－8。

表 7－8　　　　　　　　　考虑寿命周期的可靠性评估结果

	寿命周期	架空网			电缆网					
		单辐射	单联络	3 分段 3 联络	单射式	双射式	对射式	单环式	双环式	3 供 1 备
可靠率（%）	20	99.991 81	99.993 10	99.994 10	99.993 59	99.998 98	99.999 08	99.997 14	99.999 12	99.997 34
	30	99.989 18	99.990 89	99.992 21	99.991 02	99.998 57	99.998 72	99.995 99	99.998 77	99.996 27
	40	99.978 09	99.981 54	99.984 21	99.982 94	99.997 28	99.997 56	99.992 39	99.997 67	99.992 92
系统平均停电时间（min/户·年)	20	43.1	36.3	31.0	33.7	5.4	4.8	15.0	4.6	14.0
	30	56.9	47.9	41.0	47.2	7.5	6.8	21.1	6.5	19.6
	40	115.2	97.0	83.0	89.6	14.3	12.8	40.0	12.3	37.2

由以上计算结果可知，各种网架结构随着设备寿命周期的增加，其可靠率均有不同程度的降低。这是因为设备故障率参数对可靠性预测评估的影响较大。在设备故障率较平稳的寿命周期内，可靠性变化不大；在设备达到或接近其使用寿命时，由于设备故障率的急速升高，网架的可靠性也会相应降低。根据设备的状况合理安排设备更换，有利于提高供电可靠性。

7.5 典型网架结构的经济性评估

7.5.1 架空网

表 7-9 给出了负荷密度在 0.1~20MW/km² 范围内，架空网的年总费用和单位负荷年费用。由计算结果可知：

（1）对于架空网任意一种网架结构，其经济性指标值都随着负荷密度的增大而减小。这主要是由于变电站供电半径随着负荷密度的增大而减小，中压线路长度也会相应缩短。在线路综合造价一定的情况下，线路的建设费用与长度成正比关系。

（2）随着负荷密度的增长，架空网网架结构之间的成本差值逐渐缩小。

（3）单辐射结构的供电可靠率最低，不能满足供电安全 $N-1$ 的要求，但建设成本最低，因此经济性最好。单辐射结构适用于对供电可靠性要求较低的地区。

（4）架空网中，若只考虑企业成本，3 种典型结构成本由低到高依次为辐射式、单联络、3 分段 3 联络；若考虑社会效益，3 种典型结构成本由低到高依次为 3 分段 3 联络、单联络和辐射式。

表 7-9　架空网典型结构成本对比　万元/（MW·年）

分类	接线形式	负荷密度（MW/km²）					
		0.1	0.5	1	5	10	20
只计及直接损失	辐射式	65.73	29.40	20.79	9.30	6.57	4.65
	单联络	69.47	31.33	22.29	10.22	7.37	5.35
	3 分段 3 联络	71.96	32.49	23.14	10.66	7.70	5.61
计及直接损失和间接损失	辐射式	90.09	40.31	28.51	12.74	9.03	6.41
	单联络	75.57	34.07	24.22	11.09	7.99	5.80
	3 分段 3 联络	73.84	33.34	23.74	10.93	7.90	5.75

注　年费用包括建设年费用、年运行费用和年停电损失费用。

7.5.2　电缆网

表 7−10 给出了负荷密度在 1～50MW/km² 范围内，电缆网的年总费用和单位负荷年费用。由计算结果可知：

（1）对于电缆网任意一种网架结构，其经济性指标值都随着负荷密度的增大而减小，其原因与架空网相同。

（2）随着负荷密度的增长，电缆网网架结构之间的成本差异在逐渐缩小。

（3）单辐射结构的经济性最好，但不满足供电安全 $N-1$ 要求。由于电缆网本身可靠性较高，一般在 99.99% 以上，单辐射结构适用于对供电可靠性要求不是非常高的地区。

（4）电缆网中，若只考虑企业成本，6 种典型结构成本由低到高依次为单射、3 供 1 备、双射/对射/单环、双环；若考虑社会效益，6 种典型结构成本由低到高依次为单射、3 供 1 备、双射/对射/单环、双环。

| 表 7−10 | 电缆网典型结构成本对比 | | | | | | 万元/（MW·年） |

分类	接线形式	负荷密度（MW/km²）						
		1	5	10	20	30	40	50
计及直接损失	单射式	57.35	27.11	19.94	14.87	12.63	11.29	10.38
	双射式	73.87	35.64	26.58	20.18	17.34	15.65	14.50
	对射式	75.11	36.24	27.03	20.52	17.64	15.92	14.75
	单环式	76.39	36.87	27.50	20.88	17.95	16.20	15.00
	双环式	85.27	41.17	30.73	23.34	20.07	18.11	16.78
	3 供 1 备	69.25	33.05	24.48	18.41	15.73	14.13	13.03
计及直接损失和间接损失	单射式	59.68	28.15	20.69	15.41	13.07	11.68	10.72
	双射式	74.46	35.91	26.77	20.31	17.45	15.74	14.58
	对射式	75.66	36.49	27.21	20.65	17.74	16.01	14.82
	单环式	76.90	37.09	27.66	20.99	18.04	16.28	15.07
	双环式	85.49	41.27	30.80	23.39	20.11	18.15	16.81
	3 供 1 备	69.54	33.19	24.57	18.48	15.78	14.17	13.07

注　1. 年总费用包括年建设费用、年运行费用和年停电损失费用。

　　2. 单射式的负载率取 100%；双射式、对射式、单环式、双环式的负载率取 50%，3 供 1 备的负载率取 75%。

7.6 提升网架结构可靠性的经济性分析

本节以单辐射结构为参考基准，计算其他网架结构与单辐射结构之间的单位负荷年停电损失差值、单位负荷建设年费用差值；并通过两者的比值，分析提升网架结构可靠性带来的投入产出效果。提升网架结构可靠性的产出投入比 P 的计算公式如下：

$$P = \frac{\text{单辐射结构的单位负荷年停电损失} - \text{其他网络结构的单位负荷年停电损失}}{\text{其他网络结构的单位负荷建设年费用} - \text{单辐射结构的单位负荷建设年费用}}$$

$$(7-2)$$

7.6.1 架空网

表 7-11 给出了负荷密度在 0.1～20MW/km² 范围内，架空网提升可靠性的产出投入分析。由计算结果可知：

（1）单辐射结构改造为单联络结构，供电可靠性有一定改善，但改造成本增加较多。以负荷密度为 5MW/km² 为例，单位负荷年费用增加 0.92 万元/（MW·年），增长 9.89%，可靠性提高 0.023 4%。

（2）单辐射结构改造为 3 分段 3 联络结构，改造成本超过单联络结构。以负荷密度为 5MW/km² 为例，单位负荷年费用增加 1.36 万元/（MW·年），增长 14.6%，可靠性提高 0.028 8%。

（3）按照提高可靠性的产出投入比排序，经济性由高到低依次为 3 分段 3 联络、单联络。

（4）单辐射结构改造为单联络结构，年费用成本明显降低。以负荷密度为 5MW/km² 为例，单位负荷年费用减少 1.65 万元/（MW·年），降低 12.95%。

表 7-11　　　　　　　　　架空网提升可靠性的产出投入分析　　　　　　　　　%

分　类	接线形式	负荷密度（MW/km²）					
		0.1	0.5	1	5	10	20
不考虑社会效益	单联络	0.54	0.52	0.51	0.46	0.43	0.39
	3 分段 3 联络	0.66	0.63	0.61	0.54	0.50	0.45
考虑社会效益	单联络	136.36	131.48	128.13	114.56	106.83	98.49
	3 分段 3 联络	165.23	158.35	153.40	134.90	124.90	113.75

（5）单辐射结构改造为 3 分段 3 联络结构,年费用成本降幅超过单联络结构。以负荷密度为 5MW/km² 为例,单位负荷年费用下降 1.81 万元/（MW·年）,降低 14.2%。

（6）按照提高可靠性的产出投入比排序,经济性由高到低依次为 3 分段 3 联络、单联络。

7.6.2 电缆网

表 7-12 给出了负荷密度在 1～50MW/km² 范围内,电缆网提升可靠性的产出投入分析。由计算结果可知:

（1）单辐射结构改造为 3 供 1 备结构的经济性最好。以负荷密度为 10MW/km² 为例,单位负荷年费用增加 4.54 万元/（MW·年）,增长 22.8%,可靠性提高 0.006%。

（2）按照提高可靠性的产出投入比排序,经济性由高到低依次为 3 供 1 备、双射/对射/单环、双环。

（3）单辐射结构改造为 3 供 1 备结构的经济性最好。以负荷密度为 10MW/km² 为例,单位负荷年费用增加 3.88 万元/（MW·年）,增长 18.75%,可靠性提高 0.006%。

（4）按照提高可靠性的产出投入比排序,经济性由高到低依次为 3 供 1 备、双射/对射/单环、双环。

表 7-12		电缆网提升可靠性的产出投入分析						%
分类	接线形式	负荷密度（MW/km²）						
		1	5	10	20	30	40	50
不考虑社会效益	双射	0.042	0.037	0.034	0.031	0.029	0.028	0.026
	对射	0.040	0.035	0.033	0.030	0.028	0.027	0.025
	单环	0.038	0.034	0.032	0.029	0.027	0.026	0.024
	双环	0.031	0.028	0.026	0.024	0.023	0.022	0.020
	3 供 1 备	0.068	0.062	0.058	0.054	0.051	0.049	0.047
考虑社会效益	双射	10.43	9.20	8.59	7.88	7.30	6.96	6.54
	对射	9.96	8.81	8.23	7.57	7.02	6.70	6.30
	单环	9.57	8.50	7.95	7.32	6.80	6.49	6.11
考虑社会效益	双环	7.77	6.98	6.56	6.08	5.68	5.44	5.14
	3 供 1 备	17.01	15.45	14.64	13.68	12.84	12.35	11.71

一般情况下，当配电网可靠率达到 99.9%以上时，通过改善网架结构的方式提高供电可靠率，需要较大投资。费用增幅在 10%以上，而可靠率提高不足0.03%，电网企业的经济效益很差。若计及通过提高可靠率减少的用户和社会损失，社会效益则有较大提升。

第 8 章

中压配电网目标网架结构

8.1　目标网架的可靠性要求及约束条件

8.1.1　目标网架结构的可靠性要求

结合 DL/T 5729—2016《配电网规划设计技术导则》中"供电安全准则"，目标网架结构应在下列情况时具有负荷转移能力，即：

（1）变电站中失去任何一个元件（1 回进线、1 台降压变压器、1 段馈电母线）时，应能通过中压配电网的转供能力保证不损失负荷；在计划停运条件下又发生故障停运时，允许部分停电，但应在规定时间内恢复供电。

（2）一座高压变电站发生 $N-1$ 停运时，该变电站部分负荷应能通过中压配电网转移到相邻其他变电站（假设每个变电站有足够的容量裕度，能接纳其他变电站故障时需要转移的负荷）。

高压变电站指 HV/10kV 的变电站，包括 110/10、66/10、35/10、110/35/10kV 等变电站。

8.1.2　目标网架结构的约束条件

目标网架结构要满足以下 8 个约束条件，包括：

（1）电网故障时影响范围小；

（2）满足短路电流水平和电压限制；

（3）运行方便性；

（4）适应业扩发展；

（5）费用（包括建设、改造、运行维护费用）低；

（6）占用社会走廊资源尽可能少；

（7）有利于实施配电自动化和开展带电作业；

（8）适应经济社会发展和坚强智能电网建设（满足分布式电源、电动汽车充电站及光伏发电接入与控制等需求）的要求。

8.2 10kV 目标网架结构的确定

综合比较国内外城市中压配电网的典型网架结构、线路选型、技术水平等方面，运用基于可靠性的中压配电网网架结构规划方法，考虑分布式电源接入、电动汽车充电设施对我国 10kV 配电网及其可靠性的影响，提出适应我国经济社会发展的 10kV 中压配电网网架结构。其中，10kV 中压架空配电网备选的目标网架结构有 2 种，电缆网备选的目标网络结构有 6 种。

8.2.1 架空网

综合比较国内外城市中压配电网的典型网架结构，国家电网公司系统 10kV 中压架空配电网备选的目标网架结构有 2 种：

（1）H1：多分段单联络（异站）。

（2）H2：多分段适度联络（至少有一个联络是变电站间联络）。

这 2 种目标网架结构的特点、适用范围、设备选型、配电自动化水平、通信手段和建设费用等如下文所述。

（1）分段与联络原则。根据用户数量、负荷性质、负荷密度、线路长度和环境等因素确定，分段点的设置应随网络接线及负荷变动进行相应调整。

（2）特点与适用范围。

1）多分段单联络（变电站间）（H1）的特点与适用范围：① 3～5 分段，较大分支可增设分段开关，联络数为 1（见图 8−1），供电半径一般不超过 2km；② 特点：任一段线路出现故障时，非故障段负荷可被转移出去；主干线正常运行时的负载率为 50%；③ 适用范围：电网建设初期，较为重要的负荷区域，能保证一定的供电可靠性，便于运行管理；④ 安全准则：满足中压出线 $N-1$。

2）多分段适度联络（至少有一个联络是变电站间联络）（H2）的特点与适用范围：① 3～5 分段，较大分支可增设分段开关，2～3 联络（见图 8−2），供电半径一般不超过 2km；② 特点：提高了线路利用率，2 联络和 3 联络正常运行时的负载率可分别达到 67%和 75%，适用于经济运行；③ 适用范围：负荷密度较大，可靠性要求较高的区域；④ 安全准则：满足中压出线 $N-1$。

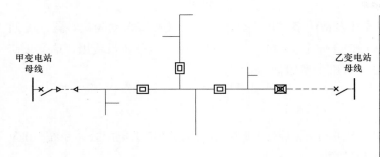

图例	名称
✕	断路器
◁	电缆头
- - - - -	电缆
——	架空导线
▭	常闭柱上负荷开关
▨	常开柱上负荷开关

图 8-1　多分段单联络（异站）

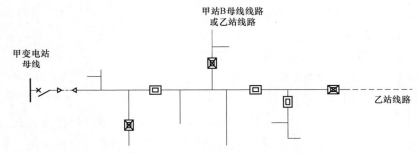

图 8-2　多分段适度联络（3 分段 3 联络）

（3）建设标准（选型、配电自动化、通信等）有如下 2 点：

1）多分段单联络（变电站间）（H1）建设标准：① 设备选型：主干线采用 240、185mm² 铝芯绝缘线，$N-1$ 运行电流为 300、200A；分段开关、联络开关类型一般采用负荷开关，开关容量额定容量为 630、400A；② 配电自动化水平：在配电自动化规划区域内，每条线路的联络开关和主要分段开关按遥控、遥测、遥信功能进行配置，其他分段开关和分支开关可根据需要配置遥信及遥测功能；故障多发线路支线及故障多发用户分界处可安装故障自动隔离装置；③ 通信方式：光纤、无线通信（安全防护）；④ 费用：单位负荷建设费用、单位负荷改造费用和单位负荷运行维护费用较低。

2）多分段适度联络（至少有一个联络是变电站间联络）（H2）的特点与建设标准：① 设备选型：主干线采用 240、185mm² 铝芯绝缘线，两联络的 $N-1$ 运行电流为 400、270A，三联络的 $N-1$ 运行电流为 450、300A；分段开关、联络开关类型一般采用负荷开关，开关容量额定容量为 630、400A；② 配电自动化水平：在配电自动化规划区域内，每条线路的联络开关和主要分段开关按遥控、遥测、遥信功能进行配置，其他分段开关和分支开关可根据需要配置遥信及遥测功能；故障多发线路支线及故障多发用户分界处可安装故障自动隔离装置；③ 通信方式：光纤、无线通信（安全防护）；④ 费用：单位负荷建设费用、单位负荷改造费用和单位负荷运行维护费用低。

8.2.2 电缆网

综合比较国内外城市中压配电网的典型网架结构，国家电网公司系统 10kV 电缆网备选的目标网架结构有以下 6 种：

（1）C1：单环网（异站）；

（2）C2：双环网；

（3）C3：N 供 1 备；

（4）C4：多分支多联络；

（5）C5：三环网 T 接；

（6）C6：环网闭式。

其中，多分支多联络借鉴了日本 6kV 电缆网多分段多联络接线方式，三环网 T 接适合在我国成熟的高负荷密度区进行试点，环网闭式适合在我国工业开发区、电压敏感性用户等地区进行试点，目前在北京已有试点。

这 6 种备选目标网架结构的特点、适用范围、设备选型、配电自动化水平、通信手段和建设费用等详见表 8-1。

（1）分段与联络原则。为缩短主回路成环的建设周期，减少主回路电缆迂回，节约电缆投资，环网节点不宜过多，所接用户数量应依据负荷性质、用户容量和供电可靠性要求等因素综合确定。

（2）特点与适用范围。

1）单环网（变电站间）（C1）的特点与适用范围：① 联络数为 1（见图 8-3），供电半径一般不宜超过 3km；② 特点：各环网点都有 2 个负荷开关，若没有配置自动化开关，则需要到现场倒闸；每条 10kV 线路配变装见容量小于 10MVA，主干线正常运行时的负载率为 50%；电源点为不同高压变电站 10kV 母线；③ 适用范围：城市一般区域（负荷密度不高、三类用户较为密集、一般可靠性要求的区域），中小容量单路用户集中区域，工业开发区以及电缆化区域容量较小的用户；城市中心区、繁华地区建设的初期阶段；④ 安全准则：满足中压出线 $N-1$。

2）双环网（C2）的特点与建设标准：① 联络数为 1（见图 8-4），供电半径不宜超过 3km；② 特点：便于双路用户的供电，可使客户同时得到 2 个方向电源，供电可靠性高，运行较为灵活，主干线每条 10kV 线路配变装见容量小于

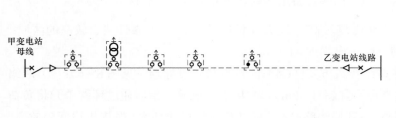

图 8-3　单环网（异站）

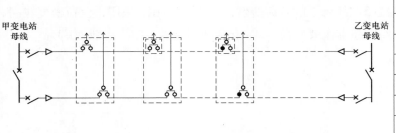

图 8-4　双环网

10MVA，正常运行时的负载率为 50%；电源点为不同高压变电站；③ 适用范围：城市核心区、重点区域、繁华地区、重要用户供电以及负荷密度较高、二类用户较为密集、可靠性要求较高、开发比较成熟的区域，如高层住宅区；④ 安全准则：满足中压出线 $N-1$、$N-2$。

3）N 供 1 备接线方式（C3）的特点与建设标准：① 联络数为 2～3（见图 8-5），供电半径一般不宜超过 3km；② 特点：N 条电缆线路连成电缆环网运行，另外 1 条线路作为公共的备用线路，非备用线路可满载运行，若有某 1 条运行线

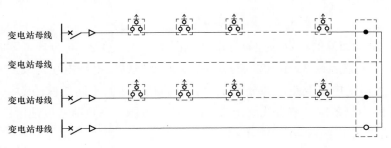

图 8-5　N 供 1 备

135

路出现故障,则可以通过切换将备用线路投入运行,其设备利用率为 $\dfrac{N}{N+1}$;③ 适用范围:适用于负荷密度较高、较大容量用户集中、可靠性要求较高的区域;④ 安全准则:满足中压出线 $N-1$。

4)多分支多联络接线方式(C4)的特点与建设标准(见图 8-6):① 联络数为 2~3,供电半径不宜超过 3km;② 特点:电缆出站后通过环网单元将负荷分支布设延伸,分别与其他线路联络,提高负荷转供成功率,发挥出线间隔效率。所接用户数量应依据负荷性质、用户容量和供电可靠性要求等因素综合确定,线路干线最大负载率应有所控制(两分支两联络为 67%或 3 分支 3 联络为 75%),以实现联络线路故障或检修下的负荷转供;③ 适用范围:适用于负荷密度较高、电缆化区域的中小容量非重要负荷;④ 安全准则:满足中压出线 $N-1$。

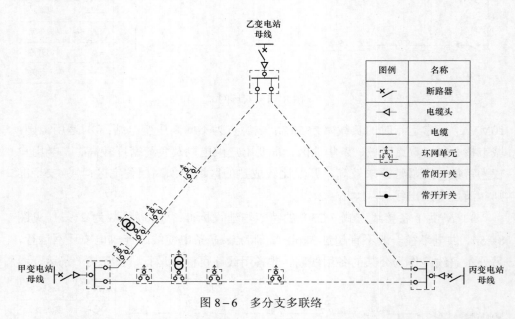

图 8-6 多分支多联络

5)三环网 T 接(C5)的特点与建设标准(见图 8-7):① 2~6 分段,联络数为 1,供电半径不宜超过 3km;② 特点:由 2 座变电站三射线电缆构成三环网,开环运行,每座配电室双路电源分别 T 接自三回路中两回不同电缆,其中 1 路为主供,另 1 路为热备用,节省线路走廊;③ 适用范围:高负荷密度地区;④ 安全准则:满足中压出线 $N-1$、$N-1-1$。

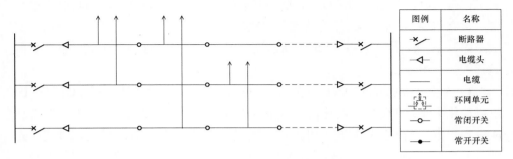

图例	名称
✕	断路器
◁	电缆头
——	电缆
⊡	环网单元
○	常闭开关
●	常开开关

图 8-7　三环网 T 接

6）环网闭式（C6）的特点与建设标准（见图 8-8）：① 3～4 分段，联络数为 1～3，供电半径不超过 2km；② 特点：同一座双电源变压器并联运行的变电站的每 2 回馈线构成环网，闭环运行。不同电源变电站的环网间设置备用联络（1～3 个），开环运行；③ 适用范围：工业开发区、电压敏感性用户；④ 安全准则：满足中压出线 $N-1$。

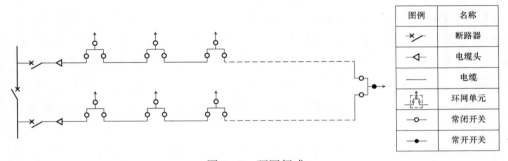

图例	名称
✕	断路器
◁	电缆头
——	电缆
⊡	环网单元
○	常闭开关
●	常开开关

图 8-8　环网闭式

（3）建设标准（选型、配电自动化、通信等）。

1）单环网（变电站间）（C1）的特点与建设标准：① 设备选型：主干线采用 400、300、240mm² 的铜芯或相同载流量的铝芯电缆，$N-1$ 运行电流为 275、225、200A；分段开关、联络开关类型采用环网柜，开关容量额定容量为 630、400A；② 配电自动化水平：在配电自动化规划区域内，联络开关按实现遥控、遥测、遥信功能进行配置，当串接用户较多时，可适当间隔配置三遥；③ 通信方式：光纤、无线（安全防护）、载波；④ 费用：单位负荷建设费用、单位负荷改造费用和单位负荷运行维护费用高。

2）双环网（C2）的特点与建设标准：① 设备选型：同 C1；② 配电自动化

水平：在配电自动化规划区域内，联络开关按实现遥控、遥测、遥信功能进行配置，含有重要用户的相关开关结点可配置三遥；③ 通信方式：光纤、无线（安全防护）、载波；④ 费用：单位负荷建设费用和单位负荷改造费用高，单位负荷运行维护费用较高。

3）N 供 1 备接线方式（C3）的特点与建设标准：① 设备选型：同 C1；② 配电自动化水平：在配电自动化规划区域内，联络开关按实现遥控、遥测、遥信功能进行配置，当串接用户较多时，可适当间隔配置配置三遥；③ 通信方式：光纤、无线（安全防护）、载波；④ 费用：单位负荷建设费用、单位负荷改造费用高和单位负荷运行维护费用较高。

4）多分支多联络接线方式（C4）的特点与建设标准：① 设备选型：同 C1；② 配电自动化水平：在配电自动化规划区域内，联络开关按实现遥控、遥测、遥信功能进行配置，分支点亦可配置三遥；③ 通信方式：光纤、无线（安全防护）、载波；④ 费用：单位负荷建设费用和单位负荷改造费用较高，单位负荷运行维护费用高。

5）三环网 T 接（C5）的特点与建设标准：① 设备选型：主干线采用 400、300、240mm² 的铜芯或相同载流量的铝芯电缆，$N-1$ 运行电流为 275、225、200A；分段开关、联络开关类型采用环网柜，开关容量额定容量为 630、400A；② 配电自动化水平：在配电自动化规划区域内，联络开关按遥控、遥测、遥信功能进行配置，选取适当分段配置三遥；③ 通信方式：光纤、无线（安全防护）、载波；④ 费用：单位负荷建设费用低，单位负荷改造费用较高，单位负荷运行维护费用低。

6）环网闭式（C6）的特点与建设标准：① 设备选型：同 C1；② 配电自动化水平：联络开关和分段开关均按遥控、遥测、遥信功能进行配置；③ 通信方式：光纤；④ 费用：单位负荷建设费用、单位负荷改造费用和单位负荷运行维护费用高。

表 8-1　　　　　10kV 城市电缆网备选目标网络结构及建设标准

基本接线单元	电　缆					
	单环网（变电站间）	双环网	N 供 1 备	多分支多联络	三环网 T 接	环网闭式
编号	C1	C2	C3	C4	C5	C6

续表

基本接线单元	电缆					
	单环网（变电站间）	双环网	N 供 1 备	多分支多联络	三环网 T 接	环网闭式
分段与联络原则	为缩短主回路成环的建设周期，减少主回路电缆迂回，节约电缆投资，主干环网节点不宜过多	为缩短主回路成环的建设周期，减少主回路电缆迂回，节约电缆投资，主干环网节点不宜过多	为缩短主回路成环的建设周期，减少主回路电缆迂回，节约电缆投资，主干环网节点不宜过多	为缩短主回路成环的建设周期，减少主回路电缆迂回，节约电缆投资，环网节点不宜过多	—	—
分段数	3～5	3～5	3～5	3～5	2 以上	3～4
联络数	1	1	≤3	≤3	1	1～3
供电半径（km）	不宜超过 3	不宜超过 3	不宜超过 3	不宜超过 3	不宜超过 3	不宜超过 3
特点	各环网点都有 2 个负荷开关，若没有配置自动化开关，则需要到现场倒闸；每条 10kV 线路配电变压器装见容量小于 10MVA，主干线正常运行时的负载率为 50%；电源点为不同高压变电站 10kV 母线	便于双路用户供电，可使客户同时得到 2 个方向电源，供电可靠性高，运行较为灵活；主干线每条 10kV 线路配电变压器装见容量小于 10MVA，正常运行时的负载率为 50%；电源点为不同高压变电站 10kV 母线	N 条电缆线路连成电缆环网运行，另外 1 条线路作为公共备用线路。非备用线路可满足负荷运行，若有某一条运行线路出现故障，则可通过切换将备用线路投入运行，其设备利用率为 $N/(N+1)$	电缆出站后通过环网单元将负荷分隔布设，分别与其他线路联络，提高负荷转供成功率，发挥出线间隔离效率	由 2 座变电站 3 射线电缆构成 3 环网，开环运行；每座配电室双路电源分别 T 接自 3 回路中 2 回不同电缆，其中 1 路为主供，另 1 路为热备用；节省线路走廊；分接头的寿命比环网柜的长	同一座双电源变压器并联运行的变电站的每 2 回馈线构成环网，闭环运行。不同电源变电站的环网间设置备用联络（1～3 个），开环运行
适用范围	城市一般区域（负荷密度不高、三类用户较为密集、一般可靠性要求的区域），中小容量单路用户集中区域，工业开发区以及电缆化区域容量较小的用户；城市中心区、繁华地区建设的初期阶段	城市核心区、重点区域、繁华地区、重要用户供电以及负荷密度较高、二类用户较为密集、可靠性要求较高、开发比较成熟的区域，如高层住宅区；中小容量双路用户集中区域，新建居民住宅区	负荷密度较高、较大容量用户集中且可靠性要求较高的区域	负荷密度较高、电缆化区域的中小容量非重要负荷	高负荷密度地区	工业开发区、电压敏感性用户

139

基本接线单元	电 缆					
	单环网（变电站间）	双环网	N 供 1 备	多分支多联络	三环网 T 接	环网闭式
安全准则	满足出线 N−1	满足出线 N−1、N−2	满足出线 N−1	满足出线 N−1	满足出线 N−1、N−1−1	满足出线 N−1、N−1−1
N−1 运行电流（A）	275、225、200	275、225、200	275、225、200	275、225、200	275、225、200	275、225、200
主干线截面（mm²）	400、300、240（铜芯或相同载流量的铝芯）	400、300、240（铜芯或相同载流量的铝芯）	400、300、240（铜芯或相同载流量的铝芯）	400、300、240（铜芯或相同载流量的铝芯）	400、300、240（铜芯或相同载流量的铝芯）	400、300、240（铜芯或相同载流量的铝芯）
开关容量（A）	630、400	630、400	630、400	630、400	630、400	630、400
分段开关、联络开关类型	环网柜	环网柜	环网柜	环网柜	分接头及环网柜	开关柜
配电自动化水平	在配电自动化规划区域内，联络开关配置三遥，选取适当分段配置三遥	在配电自动化规划区域内，联络开关配置三遥，选取适当分段配置三遥	在配电自动化规划区域内，联络开关配置三遥，选取适当分段配置三遥	在配电自动化规划区域内，联络开关配置三遥，选取适当分段配置三遥	在配电自动化规划区域内，联络开关配置三遥，选取适当分段配置三遥	导引线纵差保护
通信方式	光纤、无线（安全防护）、载波	光纤、无线（安全防护）、载波	光纤、无线（安全防护）、载波	光纤、无线（安全防护）、载波	光纤、无线（安全防护）、载波	光纤
单位负荷建设费用	较高	高	较高	较高	低	高
单位负荷改造费用	较高	高	较高	较高	较高	高
单位负荷运行维护费用	较高	较高	较高	高	低	高

注 1. 对重要用户供电线路，非重要用户支线需要加设开关，以便转移其他负荷；

2. 正常运行电流预留了转移负荷的裕度；

3. 目标网架结构要与上一级电网相协调，站间联络方面要求上级电源来自不同方向的 110（66）kV 线路或不同的 220（330）kV 站。

8.3　目标网架结构的可靠性评估

8.3.1　供电可靠性评估结果

采用 7.2 节的可靠性评估基本模型，架空网和电缆网目标网架结构的可靠性评估结果（仅考虑故障停电，不考虑预安排停电）见表 8－2。目标网架结构评估结果如图 8－9 所示。

表 8－2　　　　　　　　　　　　目标网架结构可靠性评估结果

网架结构		可靠率（%）	$SAIDI$ ［min/（年·户）］
架空网	多分段单联络	99.993 03	36.6
	多分段三联络	99.994 04	31.3
电缆网	单环网	99.997 11	15.2
	双环网	99.999 11	4.7
	3 供 1 备	99.997 31	14.1
	多分支多联络	99.997 25	14.4
	三环网 T 接	99.999 20	4.2
	环网闭式	99.999 30	3.7

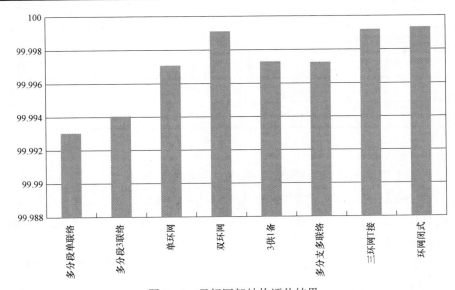

图 8－9　目标网架结构评估结果

根据表 8－2 分析可知：

（1）架空网和电缆网评估数值的相对大小与线路可靠性参数的设定有很大关系。架空线路的故障率高，但修复时间较短；电缆网故障率低，但修复时间较长。总体来看，电缆网的可靠率指标较高。

（2）环网闭式接线采用导引线纵差保护，可快速切除故障，因此其可靠率很高。此处并没有考虑由于环网运行的副作用（如运行复杂度高）导致的故障和用户停电。如果考虑这个因素，则环网运行的可靠率比理论值低。

（3）三环网 T 接和双环网的可靠性很高。其中三环网 T 接的可靠性优于双环网，这是基于其使用的 T 接头可靠性较好的假设。

（4）3 供 1 备、多分支多联络、单环网具有较好的可靠性。3 供 1 备、多分支多联络具有较高的负载率，且对每条线路的每个分支的故障来说都存在多个恢复路径。

8.3.2　线路分段数对可靠性的影响

配电线路的分段数设置对可靠性的影响见表 8－3。

表 8－3　　　　　　　　目标网架结构可靠性与线路分段数的关系　　　　　　　　%

网架结构		可靠率			
		分段数 = 2	分段数 = 3	分段数 = 4	分段数 = 6
架空网	多分段单联络	98.991 81	99.993 03	99.993 93	99.993 55
	多分段 3 联络	—	99.994 04	99.995 53	99.994 62
电缆网	单环网	99.996 22	99.997 11	99.997 94	99.997 46
	双环网	99.998 95	99.999 11	99.999 21	99.999 19

由表 8－3 可知：

（1）对于结构越成熟的网架，分段数的影响相对越小。

（2）分段数极少的时候增加分段数带来的可靠性提高比较明显；分段数达到一定数量后，由于增加分段开关故障率的影响，分段数对可靠性的提高不明显，甚至会有所降低。

（3）各种网架结构的最佳分段数与线路故障率、分段开关故障率的相对大小有关，一般情况下应为 3～5。

8.3.3　配电自动化对可靠性的影响

利用自动化技术提高供电可靠性，主要是指利用自动化设备快速隔离故障区间，恢复非故障段供电，从而减小停电范围和停电时间。为了简化计算和分析，自动化对可靠性的影响主要通过开关切换时间的提升来体现，具体计算参数见表 8-4。

表 8-4　　　　　　　　考虑自动化时的设备可靠性参数

设备类型	切换时间（h）	
	无自动化	有自动化
断路器	1.5	0.2
开关	1.5	0.2

各种目标网架结构实施自动化与未实施自动化的可靠性对比见表 8-5。其中环网闭式由于采用纵差保护，此处不做计算。

表 8-5　　　　　　　考虑自动化后目标网架结构的可靠性

网架结构		无自动化		自动化	
		可靠率（%）	$SAIDI$［min/（户·年）］	可靠率（%）	$SAIDI$［min/（户·年）］
架空网	多分段单联络	99.993 03	36.6	99.996 32	19.3
	多分段 3 联络	99.994 04	31.3	99.996 83	16.7
电缆网	单环网	99.997 11	15.2	99.998 36	8.6
	双环网	99.999 11	4.7	99.999 37	3.3
	3 供 1 备	99.997 31	14.1	99.998 47	8.1
	多分支多联络	99.997 25	14.4	99.998 44	8.2
	三环网 T 接	99.999 20	4.2	99.999 41	3.1

由表 8-5 可以看出：

（1）配电自动化的引入对可靠性的提高有显著的好处，这是因为配电自动化可有效提高开关切换时间，从而快速切除故障和恢复供电。

（2）不同网架结构实施自动化后可靠性提高的程度也不同。一般来说，可靠性较低的网架结构采用自动化后可靠性提高较大。

（3）考虑到配电自动化带来的运行复杂度的影响和自动化设施本身的故障

率，实际网络的供电可靠性可能会低于理论值。

考虑自动化的目标网架结构评估结果如图 8-10 所示。

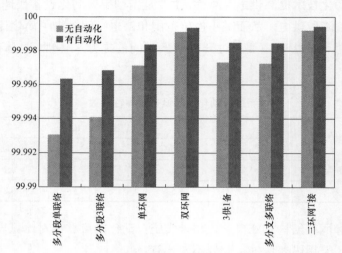

图 8-10　考虑自动化的目标网架结构评估结果

8.3.4　带电作业对可靠性的影响

在配电网高速发展阶段内，预安排停电较多，配电网发展成熟后预安排停电减少。对架空网来说，带电作业可以有效减少预安排停电时间，显著地提高供电可靠性。

根据国家电网公司深入开展配网带电作业工作目标，重点城市 10kV 架空配电线路带电作业次数同比增加 20%，设备计划停运率同比降低 15%，供电可靠性率（$RS1$）同比提高 0.004%（用户平均停电时间减少 21min）。因此，计算中近似认为带电作业可减少设备停电时间 15%，以此为基础进行计算。

表 8-6 的评估结果为采用带电作业之后与不采用带电作业相比对可靠性的相对提升值。

表 8-6　　　　　　　　　　实行带电作业对可靠性的提升

网架结构		可靠率提升（%）	$SAIDI$ 降低 [min/（年·户）]
架空网	多分段单联络	0.005 1	26.7
	多分段 3 联络	0.004 3	22.8

由计算结果可知，实行带电作业，单联络和三联络线路分别可以减少年平均停电时间 26.7min 和 22.8min，对可靠性的提高很明显。对于本身可靠性较低的网架，实行带电作业的效果更加明显。

8.3.5　状态检修对可靠性的影响

状态检修策略是通过分析设备的运行现状，在保证设备运行可靠性的基础上，追求设备在其寿命期间成本达到最低，以获得最好的经济效益。它是检修策略发展到一定程度的产物，不仅是检修理念的一个进步，还是技术进步的产物。要全面实现状态检修，需要依赖多种先进技术的发展和完善。与状态检修密切相关技术包括状态监测与故障诊断技术、可靠性管理技术、寿命预测技术等。

状态检修的应用，它有利于合理安排电力设备的检修，降低检修成本，同时保证系统有较高的可靠性。从可靠性预测评估的角度来讲，状态检修的作用是一般情况下减少了检修次数，对可靠性参数的影响主要体现在降低设备的停运率，从而最终影响可靠性评估结果。根据一些试点区域的经验，近似认为实施状态检修可以减少 10% 的检修次数，以此为基础进行估算。实行状态检修对可靠性的提升见表 8-7。

表 8-7　　　　　　　　　　　　实行状态检修对可靠性的提升

网架结构		可靠率提升（%）	$SAIDI$ 降低 [min/（年·户）]
架空网	多分段单联络	0.003 4	17.8
	多分段 3 联络	0.002 9	15.2
电缆网	单环网	0.001 4	7.4
	双环网	0.000 4	2.3
	3 供 1 备	0.001 3	6.9
	多分支多联络	0.001 3	7.0
	三环网 T 接	0.000 4	2.0
	环网闭式	0.000 3	1.8

由计算结果可知，状态检修对可靠性的提高较为显著。对于本身可靠性较低的网架，实行状态检修的效果更加明显。

8.4 目标网架结构的经济性评估

8.4.1 经济性评估结果

（1）架空网。经计算，两种网架结构的单位负荷年费用成本由高至低依次为多分段 3 联络、多分段单联络；在考虑社会效益的条件下，两种网架结构的单位负荷年费用成本由高至低依次为多分段单联络、多分段 3 联络，见表 8–8。

表 8–8　　　　　架空网典型结构的单位负荷年费用成本构成　　　万元/（MW·年）

网架结构	公司成本分析				考虑社会效益			
	建设年费用	年运行费用	年停电损失	年总费用	建设年费用	年运行费用	年停电损失	年总费用
多分段单联络	4.597	1.775	0.003 5	6.376	4.597	1.775	0.872 4	7.245
多分段 3 联络	4.692	1.981	0.001 1	6.675	4.692	1.981	0.276 1	6.950

注　多分段单联络的负载率取 50%，多分段 3 联络的负载率取 75%。

（2）电缆网。经计算，无论是公司成本还是考虑社会效益，电缆网六种网架结构的单位负荷年费用成本由高至低依次为环网闭式、双环网、三环网 T 接、单环网、多分支多联络、3 供 1 备，见表 8–9。

表 8–9　　　　　电缆网典型结构的单位负荷年费用成本构成　　　万元/（MW·年）

网架结构	公司成本分析				考虑社会效益			
	建设年费用	年运行费用	年停电损失	年总费用	建设年费用	年运行费用	年停电损失	年总费用
单环网	20.917	3.334	0.000 9	24.252	20.917	3.334	0.231 9	24.483
双环网	23.532	3.568	0.000 4	27.101	23.532	3.568	0.099 4	27.200
3 供 1 备	18.265	3.237	0.000 5	21.503	18.265	3.237	0.132 5	21.635
多分支多联络	18.008	3.219	0.000 8	21.228	18.008	3.219	0.198 8	21.426
三环网 T 接	23.052	3.524	0.000 3	26.576	23.052	3.524	0.077 3	26.653
环网闭式	24.033	3.615	0.000 2	27.648	24.033	3.615	0.055 2	27.703

注　单环网、双环网、三环网 T 接、环网闭式的负载率取 50%；多分支多联络、3 供 1 备的负载率取 75%。

8.4.2 技术措施对比分析

表 8-10、表 8-11 分别给出考虑国家电网公司成本和社会效益时，三种技术措施的可靠性、经济性指标对比情况。从可靠性指标改善程度可以看出：

表 8-10 三种技术措施的可靠性、经济指标对比（考虑国家电网公司成本）

网架结构	配电自动化		带电作业		状态检修	
	减少停电时间（min/年）	产出投入比（%）	减少停电时间（min/年）	产出投入比（%）	减少停电时间（min/年）	产出投入比（%）
多分段单联络	19.973	0.561	29.959	2.837	20.100	2.409 5
多分段 3 联络	5.782	0.194	9.461	0.871	6.400	0.729 8
单环网	4.730	0.215	—	—	5.400	0.320
双环网	1.577	0.092	—	—	2.300	0.113
3 供 1 备	2.102	1.754	—	—	3.100	0.220
多分支多联络	3.679	1.670	—	—	4.600	0.332
三环网 T 接	1.051	0.148	—	—	1.800	0.087
环网闭式	0.526	0.072	—	—	1.300	0.055

表 8-11 三种技术措施的可靠性、经济指标对比（考虑社会效益）

网架结构	配电自动化		带电作业		状态检修	
	减少停电时间（min/年）	产出投入比（%）	减少停电时间（min/年）	产出投入比（%）	减少停电时间（min/年）	产出投入比（%）
多分段单联络	19.973	100.618	29.959	705.232	20.100	596.119
多分段 3 联络	5.782	23.655	9.461	218.533	6.400	183.188
单环网	4.730	11.061	—	—	5.400	80.294
双环网	1.577	3.006	—	—	2.300	28.348
3 供 1 备	2.102	8.454	—	—	3.100	55.162
多分支多联络	3.679	13.447	—	—	4.600	83.307
三环网 T 接	1.051	1.977	—	—	1.800	21.829
环网闭式	0.526	0.728	—	—	1.300	13.871

（1）实施配电自动化，一方面可以提高配电网供电可靠性，降低停电损失，同时降低运行维护成本；另一方面会增加建设成本。因此，实施配电自动化，国家电网公司的效益并不明显，但社会效益显著提升。此外，实施配电自动化，对架空网经济性指标的改善效果比电缆网更加明显。

（2）实施带电作业，一方面会提高配电网供电可靠性，降低停电损失；另一方面会增加运行维护成本。因此，实施带电作业增长的运维费用高于减少的公司停电损失，产出投入比低，国家电网公司效益不明显；考虑社会效益后，减少的社会损失大大超过了增长的运维费用，产出投入比超过100%，社会效益显著。

（3）实施状态检修，会提高配电网供电可靠性，降低停电损失。但是，由于购买在线监测等仪器设备的费用高于减少的人工成本，总体上增加了运行维护成本，因此实施状态检修对国家电网公司来说效益不明显，但社会效益显著。此外，实施状态检修，架空网经济性指标的改善效果比电缆网更加明显。考虑社会效益条件下，架空网的产出投入比超过100%。

（4）从可靠性指标改善程度来说，技术措施实施效果由高到低排序为带电作业、状态检修和配电自动化。无论是哪一种技术措施，其对架空网可靠性的改善效果都要优于电缆网。

（5）从产出投入比指标来看，技术措施的经济性由高到低排序为：带电作业、状态检修和配电自动化。无论是架空网还是电缆网，技术措施产生的社会效益都要远远好于公司效益。

8.5 供电区域与目标网架的对应关系

根据八种备选目标网架结构的可靠性、经济性评估结果以及根据三大地区的经济发展水平，给出三大地区所含供电区域和架空网、电缆网目标网架结构的对应关系见表8-12和表8-13。

表8-12 目标网架结构适应的负荷密度范围和预期的可靠性水平

目标网结构	编号	适用的负荷密度（MW/km²）	适用的用户	预期的可靠性水平（%）	SAIDI [min/(年·户)]
多分段单联络（异站）	H1	1～5	非重要负荷	99.995 1	25.8
多分段多（适度）联络	H2	5～10	重要负荷	99.996 5	18.4
单环网（异站）	C1	5～10	中小容量重要负荷	99.996 9	16.3
双环网	C2	10～30	容量较大的重要负荷	99.998 1	10.0
N供1备	C3	5～10	容量较大的重要负荷	99.997 8	11.6
多分支多联络	C4	5～10	中小容量重要负荷	99.997 2	14.7
三环网T接	C5	10～30	容量较大的重要负荷	99.998 3	8.9
环网闭式	C6	10～30	电压敏感性用户	99.999 1	4.7

注 预期的可靠性水平（%）是在负荷密度为5MW/km²下的计算结果。

表 8 – 13　　　　　　　　供电区域与目标网架结构的对应关系表

经济带名称	架空网目标网架结构		电缆网目标网架结构	
东部地区	中心区（H2）	市区（H2、H1）	中心区（C2、C3、C5）	市区（C1、C4、C6）
中部地区	中心区（H2、H1）	市区（H1）	中心区（C1、C2、C3、C5）	市区（C1、C4、C6）
西部地区	中心区（H2、H1）	市区（H1）	中心区（C1、C2、C3）	市区（C1、C4）

8.6　现状网架向目标网架的改造过渡方式

8.6.1　架空网

（1）辐射式。辐射式接线在过渡期可采用首端联络以提高供电可靠性，条件具备时可过渡为变电站不同母线之间的单联络或不同变电站之间的单联络，在技术上可行且改造费用低。

（2）同站单联络。同站单联络指来自同一变电站的不同母线的两条线路末端联络，一般适用于电网建设初期，对供电可靠性有一定要求的区域。具备条件的情况下，发展过渡为不同变电站的两条线路的末端联络，在技术上可行但改造费用较高。

架空网的改造过渡方式过程如图 8 – 11 所示。

图 8 – 11　架空网的改造过渡方式过程

8.6.2　电缆网

（1）单射式。单射式在过渡期间可与架空线手拉手，以提高其供电可靠性，随着网络逐步加强，该接线方式需逐步演变为单环式接线，在技术可行但改造费用较高。

大规模公用网，尤其是架空网逐步向电缆网过渡的区域，可以在规划中预先设计好接线模式及线路走径。在实施中，先形成单环网，注意尽量保证线路上的负荷能够分布均匀，并在适当环网点处预留联络间隔。随负荷水平的不断提高，再按照规划逐步形成分段联络接线模式，满足供电要求。

（2）双射式。初期可根据重要负荷需求、投资规模、地区经济发展水平等建设电缆双射线路，有条件时可发展为对射式或双环式。双射式在过渡期间要做好反外力的措施，特别要防止两条电缆同时被破坏，以提高其供电可靠性。

电缆网的改造过渡方式过程如图 8−12 所示。

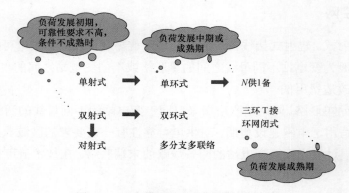

图 8−12　电缆网的改造过渡方式过程

第9章

城市中压配电网网架改造指导意见

9.1 总则

（1）为指导我国配电网网架建设、改造工作，依据国家和行业有关法规、导则、规范和规程，并结合国家电网公司有关配电网的管理规定，制定本指导意见。

（2）10kV 城市配电网是城市电网的重要组成部分，城市配电网应有明确的目标网架，目标网架应结构坚强、经济可靠、合理简洁、运行灵活，现状网架应通过建设与改造逐步向目标网架过渡。

（3）上一级电网的规划、建设应与配电网目标网架建设相协调，电源点的布局建设应满足配电网供电半径的要求，应能为配电网各种运行方式提供充足的供电容量，为配电网发展提供充足的馈线间隔，适应目标网架的发展。

（4）配电网作为城市基础设施的重要部分，其规划建设应与城市各项发展规划建设相结合、同步实施。各单位应与地方城市规划、建设部门密切配合，争取政策支持，多方筹措建设资金。

（5）各单位配电网规划设计、建设改造、运行维护及用户接入等工作环节应标准统一、协调一致。

（6）城市配电网应积极采用通用及典型设计，同时兼顾不同区域的经济发展水平、地理气候特点以及负荷特性的差异化需求。

（7）应积极开展配电网的可靠性、经济性评估分析，主要包括供电能力、网架结构、装备水平、运行环境以及投资效益等。

（8）各单位可根据本地区具体情况制定指导意见的实施细则。

9.2　配电网目标网架

9.2.1　基本原则

（1）各单位应根据市中心区、市区等不同区域的负荷类型、预计负荷水平、供电可靠性要求和上级电网状况，合理选择适合本地区特点的10kV配电网目标网架。

（2）10kV配电网目标网架应满足下列要求：

1）接线规范合理、运行灵活，具备充足的供电能力、较强的负荷转供能力，以及对上级电网有一定的支撑能力；

2）能够适应各类用电负荷、分布式电源、电动汽车充电设施等新能源的增长与发展，便于开展带电作业，适应负荷接入与扩充；

3）设备设施选型、安装安全可靠，具备较强的防护性能，有一定的抵御事故和自然灾害的能力；

4）保护配置、保护级数合理可靠；

5）便于实施配电自动化，并能有效防范故障连锁扩大；

6）满足相应供电可靠性要求，与社会环境相协调，建设与运行费用合理。

（3）确定网架备用互供容量裕度时，应充分考虑线路平均负荷水平、最大负荷持续时间、运行环境及季节气温等因素。

（4）市中心区、市区配电网目标网架应满足供电安全 $N-1$ 准则的要求，即：

1）变电站中失去任何一回进线、一台降压变压器时，不损失负荷；在计划停运条件下又发生故障停运时，允许部分停电，但应在规定时间内恢复供电。

2）10kV配电网中一条馈电线路发生故障停运时：

a）在正常情况下，除故障段外不停电，并不得发生电压过低，以及供电设备不允许的过负荷。

b）在计划停运情况下，又发生故障停运时，允许部分停电，但应在规定时间内恢复供电。

（5）在目标网架建成后，市中心区重要负荷区域宜实现上一级变电站全停情况下的负荷转移。

（6）应根据城市发展规划和电网规划，结合区域用地的饱和负荷预测结果，预留目标网架的线路走廊路径及通道，以满足预期供电容量的增长。

（7）配电网的建设、改造重点是完善网架结构，并消除设备设施安全隐患，对城市中心区及带有重要负荷的配电网应优先安排。改造应从系统整体出发，综合考虑供电可靠性、电能质量、短路容量、保护配合、无功补偿、中性点接地方式及经济运行等因素，最大限度地解决实际运行中的问题。

9.2.2　架空（混合）网架

9.2.2.1　架空（混合）目标网架结构

（1）多分段、单联络（异站）。对于低负荷密度地区（1000～5000kW/km^2）的架空配电线路，可采取多分段、单联络（异站）的接线方式，开环运行。视线路负荷的性质、容量、用户数量及线路长度，一般将线路分为 3 段，必要时可适当增加分段数量，整条线路及分段的最大负载率应留有必要的裕度，以实现故障或检修下的负荷转供。

（2）多分段、多（适度）联络（含混合网）。对于中负荷密度地区（5000～10 000kW/km^2）的架空配电线路，可采取多分段、多（适度）联络的接线方式，开环运行，以利于运行灵活及发挥设备投入效益，一般以三分段、三联络为宜。每个分段宜与其他线路设 1 处联络，与其他同站或异站线路联络，必要时可适当增加分段数量。对于较长的支线，可在其首段增装分段开关。对实施配电自动化的线路，可适当增加线路的分段及联络。

整条线路及每个分段的最大负载率均应留有适当裕度，以实现故障或检修下的负荷转供。随着用户接入、负荷增长，应及时安排新建线路，切改调整线路负荷。

架空线路向电缆线路过渡期间，电缆线路可暂时与架空线路联络，以保证故障情况下实现负荷转供。

9.2.2.2　架空（混合）目标网架设施

（1）架空导线。10kV 架空线路导线型号的选择应考虑设施标准化，一般采用铝绞线，大跨越处采用钢芯铝绞线。主干线导线截面宜为 150～240mm^2，分支线截面不宜小于 70mm^2。市区、人群密集区域宜采用架空绝缘线路，一般采用铝芯交联聚乙烯绝缘线，档距不宜超过 50m。

（2）电杆。一般选用长度为 15m 或 12m 的钢筋混凝土电杆，以保持合理跨越高度，并便于带电作业及登杆检修，市政道路沿线不宜架设预应力型混凝土电杆。选用电杆标准抗开裂弯矩应体现地区差异化，同类区域电杆的标准抗开裂弯矩宜一致，适应目标网架导线承受荷载的要求。

（3）柱上开关。架空线路分段、联络的柱上开关一般采用 SF_6 或真空负荷开关。

（4）线路架设方式。架空配电线路分相架设一般采取单回线路，以利于开展线路带电作业。线路通道紧张或建设过渡期间，也可同杆架设双回线路，导线上下或左右布置。

9.2.3 电缆网架

9.2.3.1 电缆目标网架结构

（1）单环接线方式。对于中负荷密度地区（5000～10 000kW/km²）以及电缆化区域的中小容量非重要负荷可采取单环网的接线方式，有条件宜采取异站联络的方式，开环运行。

所接用户数量应依据负荷性质、用户容量和供电可靠性要求等因素综合确定，线路干线最大负载率一般应控制在 50%以下，以实现相关联络线路故障或检修下的负荷转供。

（2）多分支多联络接线方式。多分支多联络接线方式是指电缆出站后通过环网单元将负荷分隔布设，分别与其他变电站线路联络，以提高负荷转供成功率，提高出线间隔负载率。

这种接线方式是单环网接线方式的延伸，也适用于中负荷密度地区，可有效提高线路干线最大负载率的限值（两分支两联络为 67%；三分支三联络为 75%）。

（3）双环接线方式。在市中心区、高负荷密度地区（10 000～30 000kW/km²），为满足重要负荷的供电需求，可采取双环网的接线方式。

初期可根据重要负荷需求、投资规模、地区经济发展，建设电缆双射线路，根据必要及可行过渡到双环网。所接用户数量应依据负荷性质、负荷容量和供电可靠性要求等因素综合确定，线路干线最大负载率应控制在 50%以下，以实现故障或检修下的负荷转供。

（4）N 供 1 备接线方式。N 供 1 备接线方式是指 N 条电缆线路作为供电线路，另外一条线路作为公共备用线路，构成电缆环网运行，供电线路可满载运行，若某一条供电线路出现故障，则可以通过切换将备用线路投入运行，其设备综合利用率为 $\dfrac{N}{N+1}$。

这种接线方式适用于中负荷密度地区、较大容量用户集中区域，建设备用线路也可作为完善现状网架的改造措施，用来缓解重载的供电线路，以及增加不同方向的电源。

9.2.3.2　电缆目标网架设施

（1）电缆。电缆线路干线截面应按远期规划一次选定，构成环网的干线截面应匹配，以利于转供负荷，建设区域的电缆截面及材质选择应标准化，10kV 电缆截面选择见表 9-1。

表 9-1　　　　　　　　　10kV 电 缆 截 面 选 择　　　　　　　　　mm²

线路形式	主干线	分支线
电缆线路	400、300、240	150、95

注　电缆为铜芯，也可采用相同载流量的铝芯电缆，区域内缆芯材质应统一。

（2）环网单元。环网单元的环网及馈出单元一般采用 SF_6 或真空负荷开关，有条件下环网单元宜设置在室内；环网单元设置在室外时，应选用满足环境要求的小型化共气箱型全绝缘、全封闭 SF_6 环网单元。

对市中心区临近市政规划道路的建筑，在规划建设室内（外）环网单元时，应为道路路边负荷预留配电的条件。

（3）开关站。需要为大型住宅区建设多个配电室等场合，以及高压变电站中压馈线开关柜数量不足、高压变电站出线走廊受限时，可建设开关站。

一般配置双路电源，有条件时优先考虑来自不同方向的变电站；在变电站布点、通道等条件不具备时，可取自同一座变电站的不同母线。用户较多或负荷较重的地区，也可考虑建设或预留第三路电源。开关站进线、馈出电缆可分别按干线、支线截面配置（见表 9-1）。

（4）电缆通道。电缆通道建设应结合城市道路建设同步实施，根据建设规模可采用电缆隧道、电缆排管、沟槽或直埋敷设方式，同时要满足防火、防盗、防水要求，具有相应排水措施，与其他管线距离及相应防护措施应符合国家或行业有关标准的规定。

9.3　配电网网架建设与改造技术要求

9.3.1　基本原则

（1）配电网负荷接入、负荷调整等新建工程应与配电网目标网架建设一致，满足近期中低压配电网负荷的增长，与上级电网协调发展，符合本地区经济发展整体规划的要求。

（2）10kV 配电网目标网架联络点的设置应优先考虑到上一级电源故障时能够向其他变电站的线路转供负荷。

（3）应根据供电可靠性及经济性的综合效益采取相应的配电网建设、改造策略，合理安排投资规模。线路和通道等设备设施宜一次性建设、改造到位，避免反复增容或升级改造。同时应最大限度地发挥现有设备的潜力，并考虑运行的灵活性和施工维护的便利。

（4）确定配电网建设、改造工程，应综合考虑线路设备供电能力、运行状况、运行年限及运行环境等因素，对配电网网架、设备等可能存在的薄弱环节，进行系统的梳理和排查，确定规划期改造工程量和投资规模。

（5）配电网建设、改造工程项目应按配电网规划、配电自动化规划等执行，建设、改造项目原则上应按解决线路设备过载重载、完善网架结构、消除设备设施安全隐患，以及改造线路迂回等原则编制项目方案、可研报告，构成项目储备库，并通过相关部门审核，有计划地实施。

（6）接有分布式电源的线路改变线路运行方式前，应对该供电区域变电站和线路并网运行的分布式电源性质、容量等进行核对或评估。

（7）配电设备应标准化、小型化、免（少）维护，安全可靠，节能环保，并具备通用性、可互换性。市中心区或特殊气候区配电设备应适当提高选型标准。

（8）线路建设、改造应符合标准规范，馈线断路器、电流互感器、出站电缆、线路干线、柱上开关和环网单元等的相关参数应配套一致，避免出现瓶颈现象。电缆分支箱不应串接在主环网上。

（9）对招标采购或非招标采购入网的主要设备材料均应实行抽检，配电自动化设备应进行相关检测试验。

（10）应严格审查施工单位和关键工艺作业人员的资质，合理安排建设、改造项目工期，加强关键工艺过程监理验收，对隐蔽工程应实行全过程监理检查，并及时进行相关资料归档。

（11）根据需要采取电力设施技术防盗措施，预防导线、电缆、电缆井盖、配电变压器及附属设施被破坏盗窃。

（12）对配电网低压侧进行建设、改造时，应预留标准应急发电机接入端口，适应应急发电机（车）电源快速、正确接入。

9.3.2　架空（混合）线路

（1）对重负荷的 10kV 架空线路应及时安排负荷切改调整，优先从变电站新出线路，均衡各条线路负荷，确保线路具备负荷转供能力，降低线损。

（2）架空线路向目标网架方向建设、改造，应优先对放射式架空线路进行联络改造。有条件时，应向与异站线路联络方式改造；暂时无条件时，线路首段或末端可与同站相邻线路联络。

（3）根据线路的负荷性质、容量、用户数量及线路长度，适当增加线路分段数，以缩小故障下停电范围。

（4）对于未来有可能成为干线或与其他电源联络的线段，应按照干线标准，一次性建成；对于重要的交叉跨越处和施工困难地点，如铁路、航道、高速公路、国道等处，也应按照干线标准一次性建成。

（5）架空线路改造前应对线路运行年限、剩余寿命、运行环境、供电能力、现存缺陷隐患等内容进行综合评估，并按规划要求一次性改造到位，避免重复改造施工。

（6）对架空绝缘线路及设备的导体裸露部位应进行绝缘封闭改造，逐步实现线路的全绝缘化，雷害地区且无建筑物屏蔽的绝缘线路应逐杆采取有效措施防止雷击断线，可采取安装带间隙氧化锌避雷器等措施。

（7）架空线路的建设、改造应便于开展带电作业，设计时应从路径选择、架设布置、设备选型、工艺标准等方面充分考虑带电作业的要求和发展，以利于以带电方式开展用户接入及线路设备缺陷处理。

9.3.3　电缆线路

（1）对重负荷不满足 $N-1$ 的电缆线路应及时安排负荷切改调整，确保线路具备负荷转供能力。电缆线路建设、改造应根据网架允许负载率严格控制负荷的接入，一般不宜采取对现状电缆更换大截面来增加供电能力的方案。

（2）电缆线路向目标网架方向建设、改造，应优先对长距离单射线路进行联络改造，有条件应向与异站线路联络的方式改造；暂时无条件时，可采取与同站相邻线路联络。在单环网未形成时，可暂时与现状架空线路联络。

（3）电缆双射线路可根据需要、现场路径及与相关线路转供负荷能力，向双环网或对射线路接线方式过渡改造。

（4）依据状态检测结果逐步更换存在隐患的电缆、附件及分支设备等，原则上不应仅依据运行年限进行更换。

9.3.4　电缆通道

（1）市区电缆线路路径应按照城市规划统一安排，在道路建设时应按电网规划需要同时建设电缆通道。

（2）电缆通道的宽度、深度应满足远期发展的要求，通道建设应考虑安全、可行、维护便利及节省投资等要求。

（3）重要道路应两侧均建设电缆通道，路口应同时建设过路电缆管道。设置一侧电缆通道的支路道路，可间隔适当距离预埋过路管道（应在人行道边设立明显电缆过路管道标志），为道路另一侧负荷供电。

（4）城市架空线路的入地改造工程应充分考虑该区域目标网架对电缆通道的发展需求，电缆通道建设应纳入入地工程并统一实施。

（5）市政道路电缆通道管孔一般不少于 12 个，重要道路还应预留更多。开关站、配电室的电缆进出站通道管孔应充分考虑进出线电缆，包括低压电缆以及通信的需求。

（6）在配电网建设和改造时，应同步实施配网通信网的建设，在建设电缆通道时一般设置 2 个通信管孔或位置。

（7）电缆通道建设时，应根据建设场合、地质状况采取相适应的敷设方式和管道材料。

（8）电缆通道由于特殊原因而不能保证最小敷设深度时，应采取辅助措施防止机械损伤（如铺设钢板、进行钢筋混凝土包封、穿玻璃钢管等），局部路段难于开挖过路时，可采取顶管施工方式。

9.3.5　站室设备

（1）站址土建设计应满足防火、防汛、防渗漏水、防盗、通风和降噪等各项要求，并应满足电气专业的各项技术要求，进出线方便。对汛期有可能发生雨水倒灌的地区，站址不应设置在地平面下，否则必须采取有效防护措施。

（2）开关站、配电室的开关设备、进出线等应按照目标网架结构的要求，确定建设规模和接线方式相对固定的典型方案，站内设备一次性建设到位，开关柜具有五防功能，配电变压器容量可按初期负荷配置。

（3）对站室设备的改造应按提高供电能力、消除安全隐患等进行综合改造，避免重复改造施工，对危及电网安全运行和存在家族性缺陷的设备应优先改造。

9.3.6　配电自动化及通信

（1）在进行配电网的建设与改造时，应同步考虑配电自动化的建设需求，结合配电网一次网架的建设和改造同步进行，避免重复改造施工，影响供电可靠性。

（2）在规划实施配电自动化的区域，相关一次设备的建设应满足自动化要求，对电动操动机构、辅助触点、互感器、远方终端、通信设备、终端工作电源、后备电源等需求，配置或预留安装位置。电源改造可采取增加间隔背包、进出电缆支接等方式，控制单元可采取外挂控制箱等方式扩展解决，远方终端的工作电源应可靠、运行维护量小。

（3）在实施配电自动化过程中应统一自动化终端操作界面、外形尺寸和内部接线，做到配电自动化建设标准化。

（4）配电网一次设备的选型应结合配电自动化规划给二次设备留有可靠的接口。自动化设备、通信设备以及电源的选择与设置，应满足当故障或其他原因导致配电设备停电时，各测控单元应可靠上报信息和接受远方控制。

（5）目标网架开关结点的自动化功能建设、改造应具备负荷转供能力、通信安全需求及一次设备改造可行性等条件。

1）符合下列条件可配置遥控、遥测、遥信功能：

a）线路具备转供负荷条件及转供负荷能力；

b）能显著提高目标网架及重要用户的供电可靠性；

c）一次设备可实施电动操动机构改造；

d）具备通信专网条件；

e）技术经济性合理。

2）符合下列条件可配置遥测、遥信功能：

a）受通信安全条件所限的重要开关结点；

b）受一次设备电动操动机构改造限制的重要开关结点；

c）需要采集重要运行工况数据结点。

3）符合下列条件可配置遥信功能：

a）有助于线路故障快速定位的开关结点；

b）一次设备不便实行遥控、遥测功能改造的开关结点。

（6）目标网架自动化功能基本配置原则：

1）架空线路（含混网）的联络开关和主要分段开关，一般按实现遥控、遥测、遥信功能进行配置，其他分段开关和分支开关可根据需要配置遥信及遥测功能。故障多发线路支线及故障多发用户分界处可安装故障自动隔离装置。

2）电缆单环网、多分支多联络接线、双环网和 N 供 1 备接线方式的联络开环点一般按遥控、遥测、遥信功能进行配置；双环网含有重要用户的相关开关结点可按实现遥控、遥测、遥信功能进行配置；多分支多联络接线方式的分支点亦可按遥控、遥测、遥信功能进行配置；当单环网、多分支多联络接线方式串接用户较多时，可适当间隔配置遥控、遥测、遥信功能。

以上接线方式的其他开关结点可根据需要配置遥信、遥测功能，电缆双射线路结点可按向双环网自动化发展配置，对射线路开关结点可按遥信、遥测功能进行配置。

（7）根据配电自动化实际需求，设备所处的条件等选择适用的通信方式，一般应建设光纤通信专网，仅需遥测、遥信功能要求的区段也可采用宽带无线技术和电力线载波技术。

（8）配网光纤通信网可采用光纤工业以太网技术、无源光网络技术，采用环形拓扑结构，对于通信设备电源可靠性不高的结点可采取支路方式接入。工业以太网光纤环网可由三层结构组成，以减小各子环网广播域，提高网络整体的安全性、可靠性。

（9）配网通信光缆宜采用电力排管或沟槽等方式敷设，光缆应为阻燃型，光缆的芯数应结合网络的最终规模和整体发展规划综合考虑，适当超前，光缆芯数不应少于 24 芯。

（10）采用无线网通信方式应符合国家或行业电力二次系统安全防护相关规定要求，公网的无线通信方式应逐步向电力无线专网方式过渡。

9.4 用户接入技术要求

（1）应按照用户报装容量选择相应电压等级电网，按区域配电网规划接入。宜发展公用线路，控制专用线路，以充分利用路径资源，提高供电通道利用率。

（2）在规划电缆区内不应再发展架空线路，用户新装及增容时原则上全部接入电缆网。

（3）用户需求安装容量在 1000kVA 及以上，原则上不应接入公共架空线路，有条件时可接入电缆网，容量较大的用户可根据需要采取双回或多回电缆线路供电。

（4）电缆网中，用户配电室应经环网单元接入公用电网。

（5）目标网架的建设应具有一定的备用裕度（容量、开关间隔、电缆路由、过街通道等），满足新用户接入的需求。

（6）接入目标网架的负荷应符合有关规定，不应影响目标网架的安全运行及电能质量。

（7）配电线路接入分布式电源总容量原则上不宜超过配电线路容量的25%。

9.5　配电网分析评估

（1）要求根据公司关于配电网评估的有关规定，积极开展 10kV 配电网分析评估工作，以指导配电网的建设与改造工作，推动目标网架的建设。

（2）配电网的评估工作应采取定期评估和动态评估相结合的方式，根据故障、缺陷状况、检测结论以及安全需求确定应改造的设备，对大型项目还应进行效益和安全评估。

（3）应按 Q/GDW 565—2010《城市配电网运行水平和供电能力评估导则》及有关规程的要求，对 10kV 城市配电网进行分析评估，主要内容包括：

1）运行管理水平。重复计划停电用户比例、带电作业化率。

2）装备水平。架空线路绝缘化率、电缆化率、架空线路平均分段数、配电自动化终端（含遥控、遥测、遥信）覆盖率、配电自动化遥控光纤通信覆盖率。

3）运行状况。架空线路故障停电率、电缆线路故障停电率、配电变压器故障停电率、开关设备故障停电率、外力破坏故障停电率、架空绝缘线路雷击断线率、理论线损偏高的线路比例。

4）负荷能力。容载比、线路重负荷比例、配电变压器重负荷比例。

5）转供能力。线路满足 $N-1$ 比例、架空线路联络率、电缆线路联络率、不同变电站联络线路比例。

（4）应充分利用配电信息化系统，收集掌握配电网运行、故障、设备缺陷、带电检测、设备试验等数据信息，使其完整、正确，以保障分析评估效果。

（5）要求开展配电网网架建设、改造实施后的评估工作，以验证工程实施后对提高供电可靠性、改善运行经济性的效果，总结完善所采取的技术措施和管理手段，更好地指导配电网网架建设与改造工作。

第10章

实 际 案 例 分 析

10.1 北京某示范区（A+类）配电网规划

10.1.1 区域概况

该区块为 20 世纪 80 年代发展起来的新型社区，面积约 3.5km²，包括使馆区、商圈等重要用户密集区，具有以国际商务、国际政治、休闲娱乐为一体的区域特点，不论在政治、经济、文化等多方面都有着举足轻重的地位。在政治方面，区域内涉外场所等重要用户多，政治文化活动频繁；在经济方面，区域属于 CBD 商圈范围内，经济繁荣、金融活跃。

截至 2016 年底，该区域最大负荷为 78.88MW，负荷密度为 22.54MW/km²，全社会用电量 3.944 亿 kwh。考虑到区域位置、用户的重要性等因素，按照 DL/T 5729—2016《配电网规划设计技术导则》供电区域划分标准，应将示范区划分为 A⁺类供电区。

10.1.2 区域配电网现状

该示范区现有 4 座 110kV 变电站，主变压器 11 台，变电总容量 589MVA。变电站配置及运行情况见表 10−1。在 4 座 110kV 变电站中，A、B 和 C 站均为 3 台主变压器，负荷较轻，年最大负载率均未超过 40%；D 站仅有 2 台主变压器，且负荷较大，因此年最大负荷较重。110kV 网络结构以单环和单链式为主。区域 110kV 电网网架结构情况见表 10−2。

表 10-1   区域 110kV 变电站配置及运行情况

序号	变电站名称	主变压器台数（台）	变电总容量（MVA）	最大负荷（MW）	最大负载率（%）
1	A 站	3	3×50	57.97	38.65
2	B 站	3	3×50	31.36	20.91
3	C 站	3	3×63	53.79	28.46
4	D 站	2	2×50	82.19	82.19
合计		11	589	202.78	34.43

表 10-2   区域 110kV 电网网架结构情况

序号	电源类型	110kV 变电站	网架结构
1	三电源变电站，来自不同变电站	A 站	单链式
2		C 站	单链式、单环式
3	三电源变电站，来自同一变电站	B 站	单环式
4	两电源变电站，来自不同变电站	D 站	单链式

该区域共有 22 条中压线路，其中架空线路 4 条，电缆线路 18 条。区域架空网络现状均为单辐射式接线，电缆网则以双环网为主，另有 4 条双辐射线路和 2 条单辐射式线路。其接线示意如图 10-1 所示。

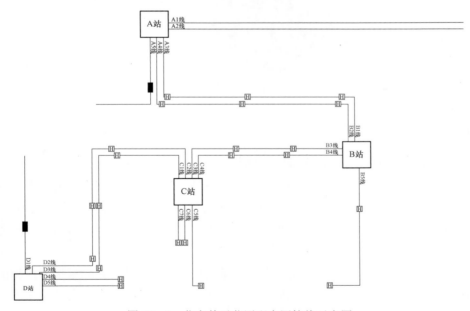

图 10-1　北京某示范区配电网接线示意图

10.1.3　现状网供电可靠性评估

据统计，该区域电网的供电可靠率（$RS-1$）达到 99.998%，用户平均停电时间（$AIHC-1$）为 10.42min/户，用户平均停电次数为 0.073 6 次/户。

通过对该区域现状配电网进行供电可靠性评估，其系统供电可靠率为 99.998 4%。其中供电可靠率达到 99.999%以上的馈线占总线路条数的 73.91%，且均为电缆线路；供电可靠率达到 99.998%以上的馈线占总线路条数的 17.39%；存在 2 条可靠率相对较低的架空线路，其供电可靠率分别为 99.997 7%和 99.995 4%。综合分析，影响示范区供电可靠率的主要因素是架空线路本身故障率较高，且用户较多，加之不合理的线路分段，很容易导致大面积停电。示范区 10kV 馈线线路可靠率分布图如图 10－2 所示。

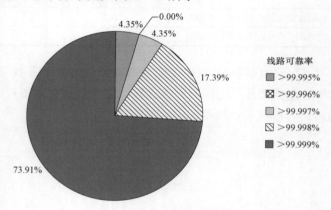

图 10－2　示范区 10kV 馈线线路可靠率分布图

10.1.4　薄弱环节分析

上述评估结果表明，该区域配电网存在以下薄弱环节：

（1）网络方面。中压架空网均为单辐射式接线，不具备负荷转供能力，且 A1、A2 线未配置分段，故障影响范围大；电缆网以环网和双射式接线方式为主，但仍有 2 回线路为单辐射式，在馈线层和变电站母线故障情况下负荷的转移能力有限。

（2）设备方面。中压架空线路由于设备老化、树线矛盾、异物搭接等成为区域停电的主要原因；另外，区域内配电自动化覆盖率低，配电设备自动化水平不高对于故障查找和负荷切换时间的影响较大。

（3）技术方面。区域配电网配电自动化和设备状态监测覆盖率较低，故障监测、故障点查找和负荷自动转供能力较差。

（4）管理方面。区域配电网自动化、信息化的管理手段有待提升。

10.1.5　负荷预测与供电可靠性目标

该区域位于城市中心区，预计 2020 年最大负荷为 87.5MW，负荷密度将达到 25MW/km²，以国际商务、国际政治、休闲娱乐为一体，在政治、经济、文化等多方面都有着举足轻重的地位，因此具有较高的供电可靠性需求。按照 DL/T 5729—2016《配电网规划设计技术导则》供电区域划分标准，该区域划分为 A＋类供电区，2020 年其供电可靠率目标应达到 99.999%（用户年平均停电时间不高于5min）。

10.1.6　可靠性规划方案

针对该区域配电网存在的薄弱环节，提出了基于供电可靠性的配电网优化规划措施与规划方案，见表 10－3。

表 10－3　　基于供电可靠性的区域配电网优化规划措施与规划方案

项目		主要内容
优化措施	网络方面	提高馈线联络，增强负荷转供能力；增加线路分段，缩小故障影响范围
	设备方面	提高馈线电缆化率，减小设备故障率
	技术方面	实施配电自动化，缩短故障查找、隔离和负荷转移时间，从而缩小停电时间和范围
	管理方面	提高管理信息化水平，实现负荷发展预测、规划建设、配电网检修计划安排、人员物资调度、信息交互等全面管理功能
规划方案	方案 1	增加联络线和线路分段
	方案 2	在方案 1 基础上新建线路分担现有线路负荷，现有架空线路电缆改造，并实施配电自动化建设
	方案 3	在方案 2 基础上，进行主干线路改造，提高系统负荷转供能力，新建线路同期实施配电自动化建设
	方案 4	在方案 3 基础上实施全区域馈线电缆化改造，同期实施配电自动化

各规划方案对优化措施进行了组合，方案 1～4 的工程量和投资规模依次增大。各方案接线示意如图 10－3 所示。

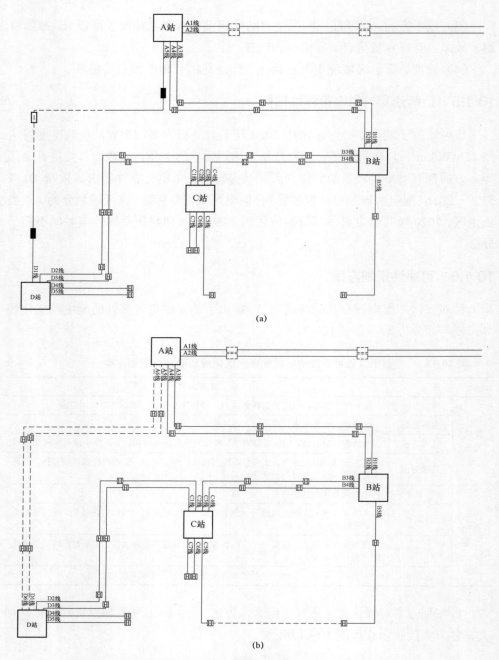

图 10-3　基于供电可靠性的区域配电网规划方案接线示意图（一）

（a）方案 1；（b）方案 2

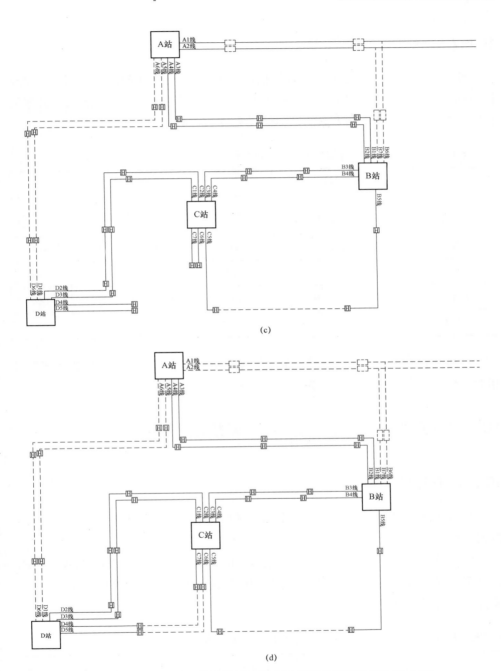

(c)

(d)

图 10－3　基于供电可靠性的区域配电网规划方案接线示意图（二）

（c）方案 3；（d）方案 4

注：图中黑色元件为现状情况，虚线为新建和改造元件。

10.1.7 规划方案评估

通过对以上 4 种规划方案进行评估,得到各规划方案实施后系统的供电可靠性指标,并采用多种方法,如最小费用法、B/C 法和 iB/C 法分析各规划方案的投资成本效益。4 种规划方案的评估结果见表 10-4。

表 10-4　　　　　　4 种规划方案的可靠性和经济性评估结果

方案	可靠性评估		经济性评估			
	可靠率（%）	用户平均停电时间（min）	投资（万元）	总费用现值（万元）	B/C 值	$\Delta B/\Delta C$ 值
方案 1	99.998 7	6.83	305.65	1022.55	4.07	4.07
方案 2	99.998 9	5.78	842.8	1367.14	2.66	1.86
方案 3	99.999 2	4.20	1589.3	1958.48	2.2	1.68
方案 4	99.999 3	3.68	1914.25	2209.82	1.93	0.6

由以上评估结果可见,方案 3 满足典型区域可靠性目标要求,投资经济性又相对更优,因此,推荐方案 3 为区域馈线系统最优规划方案。

10.2　重庆某示范区（C 类）配电网规划

10.2.1　区域概况

重庆某示范区位于县城中心,是该县的政治、经济、文化中心,人口 32.2 万人,面积 35km²。

该示范区 2016 年售电量达 3.875 亿 kWh,网供最高负荷 92.455MW。10kV 及以下线损率 4.78%,综合电压合格率 99.934%,供电可靠率 99.899 1%。其主要技术经济指标见表 10-5。

表 10-5　　　　　重庆某示范区 2016 年主要技术经济指标

供电面积（km²）	供电人口（万人）	售电量（亿 kWh）	最大负荷（MW）	供电可靠率 $RS-1$（%）	10kV 及以下线损率	综合电压合格率（%）
35	32	3.875	92.455	99.899 1	4.78	99.934

10.2.2　区域配电网现状

该示范区涉及变电站 4 座，分别为 220kV 变电站 1 座，110kV 变电站 3 座，35kV 变电站 1 座。涉及输电线路 8 回，均为单辐射双回线路，满足 $N-1$ 要求。所选 10 条 10kV 线路的平均长度为 8.342km，平均主干线路长度为 3.253km，其中有 6 条线路的主干线路长度超过平均水平，最长线路长度为 4.433km。

在网络结构方面，单辐射线路条数为 1，占 10%；单联络线路 6 条，占 60%；其余 3 条为多联络线路，占 30%。

10.2.3　现状网供电可靠性评估

2016 年该区域供电可靠率 $RS-1$ 为 99.899 1%。经统计分析，影响该区域供电可靠性的主要因素中预安排停电比重较大，预安排停电时户数共计 1237.75 时户，约占总停电时户数的 86.33%；故障停电时户数共计 196 时户，约占 13.67%。

预安排停电主要原因为计划施工，其中计划施工、计划检修、调电、用户申请停电及其他原因占比分别为 50.45%、28.32%、4.17%、3.35%、0.04%。故障停电中，内部故障、外部故障占比分别为 7.74%、5.93%。

该示范区配电网可靠性计算指标情况详见表 10-6。

表 10-6　　　　　　　　　　　重庆某示范区配电网可靠性指标

停电事件	系统平均停电持续时间 SAIDI [h/（户·年）]	平均供电可用率 ASAI（%）	系统平均停电频率 SAIFI [次/（户·年）]	缺供电量 ENS（kWh）	系统平均缺供电量 AENS [kWh/（户·年）]
故障停电	10.87	99.925 9	1.92	69 381.236 1	2.966 0
预安排停电	14.62	99.933 1	1.65	105 109.872 2	4.493 4
合计	12.83	99.899 1	3.57	174 491.108 3	7.459 4

下面分别从馈线与负荷点两个维度对系统可靠性进行进一步分析。

该示范区共有 10 回 10kV 馈线，各馈线供电可靠性指标分布情况如下：

（1）馈线平均停电持续时间。该示范区馈线平均停电持续时间分布见表 10-7。

表 10-7　　　　　重庆某示范区馈线平均停电持续时间分布表

平均停电持续时间 ［h/（户·年）］	<6	6~8	8~10	10~16	16~18	≥18
馈线回数	1	2	3	0	3	1

该示范区 10 条 10kV 馈线中,有 6 条馈线的平均停电持续时间在 10h/户·年以下,基本达到了对 C 类电网的要求。

10 条馈线中,有 4 条馈线的平均停电持续时间都超过了 10h/（户·年）,它们分别为 16.320 4h/（户·年）、16.497 3h/（户·年）、17.088 5h/（户·年）和 19.452 4h/（户·年）。

（2）馈线平均供电可用率。重庆 W 县示范区馈线平均供电可用率分布见表 10-8。

表 10-8　　　　　重庆某示范区馈线平均供电可用率分布表

平均供电可用率（%）	<99.75	99.75~99.80	99.80~99.85	99.85~99.90	99.90~99.95
馈线回数	0	1	3	1	5

从表 10-8 可以看出,2016 年该示范区 10 回馈线平均供电可用率处于 99.75%~99.90% 之间。其中,平均供电可用率在 99.80%~99.90% 之间的有 4 条线,占到总数的 40%,在 99.90% 以上的有 5 条线路,符合 C 类电网的供电可靠性要求。

（3）平均停电频率。该示范区馈线系统平均停电频率分布见表 10-9。

表 10-9　　　　　重庆某示范区馈线系统平均停电频率分布表

平均停电频率［次/（户·年）］	<2	2~4	4~6	≥6
馈线回数	1	5	2	2

从表 10-9 可以看出,2016 年该示范区 10 回馈线停电频率均在 8 次以下,平均停电频率小于 4 次/（户·年）的馈线共 6 回,占总数 60%,符合 C 类电网的供电可靠性要求。

（4）缺供电量。该示范区馈线缺供电量分布见表 10-10。

表 10－10　　　　　　　重庆某示范区馈线缺供电量分布表

缺供电量分布（kWh）	<10 000	10 000～14 000	14 000～18 000	18 000～22 000	22 000～26 000	≥26 000
馈线回数	1	2	4	0	2	1

从表 10-10 可以看出，该示范区馈线缺供电量主要分布在 20 000kWh 以下，共 7 回线路，但也存在 3 回线路缺供电量大于 20 000kWh。

（5）用户（负荷点）可靠性指标。该示范区共有 480 个负荷点，现对各供电可靠性指标分布情况进行统计分析。

1）负荷点年停电频率。该示范区各负荷点年停电频率分布见表 10-11。

表 10－11　　　　　　重庆某示范区各负荷点年停电频率分布表

停电频率（次/年）	<1	1～2	2～3	3～4	4～5	5～6	6～7	≥7
负荷点个数	18	92	87	51	55	57	61	59

从表 10-11 可以看出，该示范区中各负荷点的负荷点年停电频率在 1～3 次/年之间较为集中，在 3 次/年以上的频率范围内分布较为平均。该示范区的负荷点年停电频率较高。

2）负荷点平均停电持续时间。重庆某示范区负荷点平均停电持续时间分布见表 10－12。

表 10－12　　　　重庆某示范区负荷点平均年停电持续时间分布表

平均停电持续时间（h/年）	<4	4～8	8～12	12～16	16～20	≥20
负荷点个数	44	137	67	70	147	15

从表 10－12 可以看出，停电时间在 20h/年以下的共有 465 个负荷点，占负荷点总数的 96.88%，其中平均停电持续时间在 4～8h/年和 16～20h/年之间的负荷点个数最多，占总负荷点总数的 59.17%。

3）负荷点平均供电可用率。该示范区负荷点平均供电可用率分布见表 10－13。

表 10－13		重庆某示范区负荷点平均供电可用率分布表			
平均供电可用率（%）	<99.80	99.80～99.85	99.85～99.90	99.90～99.95	≥99.95
负荷点个数	72	128	63	155	62

从表 10–13 可以看出，该示范区负荷点平均供电可用率平均值达到 99.87%。负荷点平均供电可用率主要分布在 99.80% 以上，共 408 个负荷点，其中在 99.80%～99.95%之间有 346 个。

4）负荷点缺供电量。该示范区负荷点缺供电量分布见表 10–14。

表 10－14		重庆某示范区负荷点缺供电量分布表			
缺供电量（kWh/年）	<400	400～800	800～1200	1200～1600	≥1600
负荷点个数	311	140	23	4	2

可以看出，该示范区各负荷点缺供电电量大部分低于 400kWh/年，少部分高于 800kWh/年。

10.2.4 薄弱环节分析

供电可靠性薄弱环节主要有系统接线无联络、分段不合理、同杆架设严重、电缆化率低、线路较长、重载过载，配电自动化水平低等。

（1）系统接线无联络：配电网接线方式中，分段母线之间没有联络线，即无环网。

（2）分段不合理：供电线路需要配置开关，单段线路所带负荷过多，虽然采用了单联络接线模式，但在线路出现故障后，仍影响用户数过多。

（3）电缆化率低：电缆的总长度占线路总长度的百分比低于 70%。

（4）线路较长：线路主干线长度超过 4.5km。

（5）重载过载：线路负载率超过 70%。

（6）配电网自动化水平低：该示范区配电网自动化工作仅限于设计规划，因此大量的事故查找、转电操作均需通过人工进行。比如故障指示器安装较少导致故障点查找较为困难。

10.2.5 负荷预测与供电可靠性目标

到 2020 年，该区域将建成有重要影响的特色工业园区，最大负荷为

200.2MW，负荷密度将达到 5.72MW/km²。

按照 DL/T 5729—2016《配电网规划设计技术导则》供电区域划分标准，该区域划分为 C 类供电区，2020 年其供电可靠率由 99.899 1%提高到 99.968 9%（大于 99.863%），核心区域提高到 99.99%；电压合格率由 99.934%提高到 99.95%。

通过试点项目的建设，提高试点区域配电网自动化水平，提升试点区域配电网经济技术指标，深化配电网"调控一体化"进程，实现配电系统的信息化、自动化，推进配电生产运行精益化管理。

10.2.6 可靠性规划方案

针对该区域配电网存在的薄弱环节，提出了以下 4 种基于供电可靠性的规划方案：

1. 方案 1：优化网络结构，增加分段和联络开关

由各馈线可靠性薄弱环节分析可知，该区域线路主干分段不合理是影响供电可靠性的重要原因之一，采取增加分段和联络开关的措施。

通过对网络结构的调整优化，单辐射线路的供电可靠性得到提升，由改造前的 99.899 1%提升至 99.911 2%；减少系统缺供电量（ENS）4731.403 7kWh，减少系统平均缺供电量（AENS）0.230 2kWh/（户•年），详见表 10-15。

表 10-15 网络结构前后可靠性评估指标

类别	系统平均停电持续时间 $SAIDI$[h/（户•年）]	平均供电可用率 $ASAI$（%）	系统平均停电频率 $SAIFI$[次/（户•年）]	缺供电量 ENS（kWh）	系统平均缺供电量 $AENS$[kWh/（户•年）]
改善前	12.83	99.899 1	3.57	174 491.108 3	7.459 4
改善后	9.53	99.921 2	3.401	169 759.704 6	7.229 2

2. 方案 2：在方案 1 的基础上，优化设备配置，实现线路绝缘化

该区域配电网在设备配置方面主要存在线路绝缘化水平不高、电缆铺设方式多为直埋、设备故障率偏高等问题，因此，必须采取如下措施：

（1）提高线路绝缘化水平和安全性能。逐步实现架空线路绝缘化，并根据当地市政建设要求和电网实际适时适当的采用地下电缆。预计线路故障率降至 12 次/（100km•年）。

（2）现有隔离开关故障率偏高，建议采用可靠性较高的 A 类开关取代现有的 B 类开关。预计开关的故障率降至 1.4 次/（100 台•年）。

优化前、后设备可靠性参数分别如图 10-4 和图 10-5 所示。

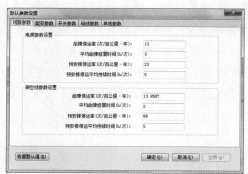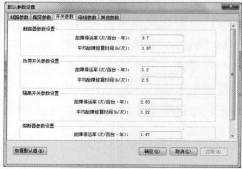

图 10-4　优化前设备可靠性参数表

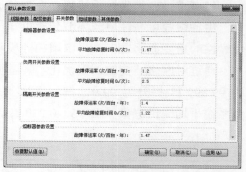

图 10-5　优化后设备可靠性参数表

通过降低架空线路和电缆线路的故障率，系统均停电持续时间 *SAIDI* 由改造前的 9.53h/（户·年）降低至 5.90h/（户·年）；减少系统缺供电量（*ENS*）7758.465 7kWh，减少系统平均缺供电量（*AENS*）0.331 6kWh/（户·年），详见表10-16。

表 10-16　　　　　　　　　　优化前后可靠性评估指标

类别	系统平均停电持续时间 *SAIDI* [h/（户·年）]	平均供电可用率 *ASAI*（%）	系统平均停电频率 *SAIFI*[次/（户·年）]	缺供电量 *ENS*（kWh）	系统平均缺供电量 *AENS*[kWh/（户·年）]
改善前	9.53	99.891 2	3.57	174 491.108 3	7.459 4
改善后	5.90	99.932 7	3.341 9	166 732.642 6	7.127 8

3. 方案 3：在方案 2 的基础上，提高设备和技术的管理水平，初步实现配电自动化

该区域配电网在技术方面主要存在预安排检修频率偏高、预安排停电次数多的问题，因此要按照工程建设和生产运行相结合、大修技改和预试定检相协调、主网检修和配电网检修相结合、内部工作和外部工作（公路、市政迁改等）相结合的原则进行综合停电管理计划的制订，加强预安排停电管理，重视配电线路的巡视，包括"三遥"等各种智能遥控装置，初步实现配电自动化，定期开展巡线员的培训工作，提高专业素养。

以上措施实施后，预计架空线路预安排停电率降至 40 次/（100km·年），电缆预安排停电率降至 15 次/（100km·年）。优化前、后线路预安排可靠性参数表如图 10-6 所示。

图 10-6　优化前、后线路预安排可靠性参数表

通过降低架空线路和电缆线路的预安排停电率，系统均停电持续时间 *SAIDI* 由改造前的 5.90h/（户·年）降低至 4.26h/（户·年）；减少系统缺供电量（*ENS*）43 907.207 3kWh，减少系统平均缺供电量（*AENS*）1.877kWh/（户·年），详见表 10-17。

表 10-17　　　　　　　　技术管理改善前、后可靠性评估指标

类别	系统平均停电持续时间 *SAIDI* [h/（户·年）]	平均供电可用率 *ASAI*（%）	系统平均停电频率 *SAIFI* [次/（户·年）]	缺供电量 *ENS*（kWh）	系统平均缺供电量 *AENS* [kWh/（户·年）]
改善前	5.90	99.932 7	3.57	174 491.108 3	7.459 4
改善后	4.26	99.951 4	2.942 5	130 583.901	5.582 4

4. 方案 4：在方案 3 的基础上，继续提高自动化覆盖率

通过一系列的改善措施，该区域配电网系统均停电持续时间 *SAIDI* 由改造前的 4.26h/（户·年）降低至 2.72h/（户·年）；系统供电可靠性由 99.951 4% 提升99.968 9%；减少系统缺供电量（*ENS*）53 349.653 9kWh，减少系统平均缺供电量（*AENS*）2.280 6kWh/（户·年），详见表 10-18。

表 10-18　　　　　　　　综合改善前、后可靠性评估指标

类别	系统平均停电持续时间 *SAIDI*［h/（户·年）］	平均供电可用率 *ASAI*（%）	系统平均停电频率 *SAIFI*［次/（户·年）］	缺供电量 *ENS*（kWh）	系统平均缺供电量 *AENS*［kWh/（户·年）］
改善前	4.26	99.951 4	3.57	174 491.108 3	7.459 4
改善后	2.72	99.968 9	2.478 5	121 141.454	5.178 8

10.2.7　规划方案评估

针对该示范区配电网薄弱环节，通过实施网络结构、设备配置、技术管理等综合改善措施后，示范区供电可靠性水平大幅度提高，其可靠性成本见表 10-19。

表 10-19　　　　　　　　改善后的可靠性成本　　　　　　　　　　万元

项目	方案 1	方案 2	方案 3	方案 4
初始投资（*CI*）	67.8	77.5	89.4	212.3
运行维护费用	18.9	16.8	15.1	12.8
停电损失	17.3	15.7	14.4	11.5
全寿命周期成本	104	110	118.9	236.6

下面分别用最小费用法、收益/成本法（*B/C*）、收益增量/成本增量法（*iB/C*）三种方法对该示范区优化方案进行可靠性/成本效益分析（折现率取 0.11，电量年均增长率为 3.5%）。

（1）最小费用法。最小费用法的评估结果详见表 10-20 和图 10-7。可以看出，方案 1 的总费用现值最小，方案 4 的总费用现值最大，如果只从费用的角度出发，应该采用方案 1。但是由于方案 4 可靠性提高效果最明显，因为综合考虑了前面 3 种方案，包括优化网络结构、优化设备配置、加强技术管理等。因此，在确定最终方案时，要综合考虑可靠性和经济性的因素。

表 10 - 20　　　　　　采用最小费用法评估 4 种优化方案　　　　　　万元

项目	方案 1	方案 2	方案 3	方案 4
初始投资	67.80	77.5	89.40	212.30
运维管理费用现值	18.9	16.8	15.1	12.8
停电损失费用现值	17.3	15.7	14.4	11.5
总费用现值	104	110	118.9	236.6

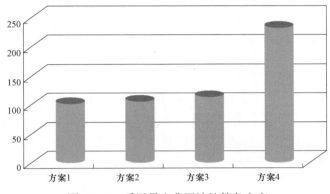

图 10 - 7　采用最小费用法计算各方案

（2）B/C 法。B/C 法的评估结果详见表 10 - 21 和图 10 - 8。可以看出，随着初始投资的增加，总费用现值呈现增长趋势，运维管理费用和停电损失费用现值呈现明显下降趋势。若以 $B/C > 3.0$ 为选择阀值，则方案 4 为基于 B/C 法的推荐方案；同理，若以 $B/C > 4.0$ 为选择阀值，则方案 3 为基于 B/C 法的推荐方案。

表 10 - 21　　　　　　采用 B/C 法评估 4 种优化方案　　　　　　万元

项目	方案 1	方案 2	方案 3	方案 4
初始投资（C）	67.80	77.5	89.40	212.30
运维管理费用现值	18.9	16.8	15.1	12.8
停电损失费用现值	17.3	15.7	14.4	11.5
总费用现值	104	110	118.9	236.6
总收益（B）	293.65	323.52	362.79	747.24
B/C 值	4.33	4.17	4.05	3.52

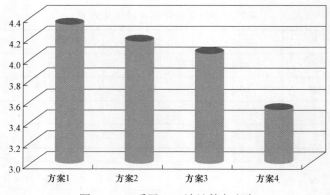

图 10－8　采用 *B/C* 法计算各方案

（3）*iB/C* 法。*iB/C* 法的评估结果详见表 10－22 和图 10－9。可以看出，方案 1 的 *iB/C* 值最大，其次是方案 2，方案 4 的 *iB/C* 最小。根据投资预算的多少来选择最合适的方案。如果投资决策者重点关注供电可靠性，而不计较后续追加资金的效益，则方案四为基于 $\Delta B/\Delta C$ 法的推荐方案，否则，应根据预算资金和可靠性目标在前面 3 个方案中选择较为合适的方案。

表 **10－22**　　　　　　　　采用 *iB/C* 法评估四种优化方案　　　　　　万元

项目	方案 1	方案 2	方案 3	方案 4
初始投资（C）	67.80	77.5	89.40	212.30
总收益（B）	293.65	323.52	362.79	747.24
收益增量（ΔB）	293.65	29.87	39.27	384.45
成本增量（ΔC）	67.80	8.20	14.40	322.90
iB/C	4.33	3.64	2.73	1.19

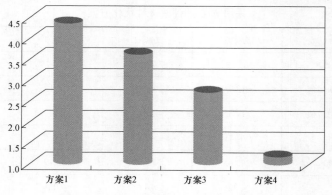

图 10－9　采用 *iB/C* 法计算各方案

　　由以上分析可知，没有一个评估方法是最理想的，也没有一种方法适用于所有的规划项目。因此，要结合规划区域的具体特征选择相应的优化方案，在提高规划区域供电可靠性的同时也使经济效益最大化。

附录 A　30 个重点城市按"三大地区"划分的方法

划分方法依据 2003 年国务院发展研究中心发展战略和区域经济研究部课题报告《中国（大陆）区域社会经济发展特征分析》中"目前中国区域的划分方法比较零乱。官方比较接受的是'三大地区'的划分方法"。"三大地区"这一方法将中国划分为东、中、西三大地区，但不同的时期，各个地区覆盖的地域范围不同。随着西部大开发战略的实施，"三大地区"覆盖的地域范围逐渐被确定下来：

（1）东部地区：包括北京、天津、河北、辽宁、上海、江苏、浙江、福建、山东、广东和海南等 11 个省市；

（2）中部地区：包括山西、吉林、黑龙江、安徽、江西、河南、湖北、湖南等 8 省；

（3）西部地区：包括重庆、四川、贵州、云南、西藏、陕西、甘肃、青海、宁夏、新疆、广西、内蒙古等 12 个省、自治区。

因此，30 个重点城市按上述"三大地区"划分如下：

（1）东部地区：包括北京、天津、唐山、石家庄、沈阳、上海、南京、苏州、杭州、福州、济南、大连、宁波、厦门、青岛等 15 个城市；

（2）中部地区：包括太原、长春、哈尔滨、合肥、南昌、郑州、武汉、长沙 8 个城市；

（3）西部地区：包括重庆、成都、西安、兰州、西宁、银川、乌鲁木齐 7 个城市。

附录 B　供电区域划分方法

供电区域分为市中心区、市区两种：

（1）市中心区：指市区内人口密集以及行政、经济、商业、交通集中的地区。

（2）市区：城市的建成区及规划区，其中，远郊区（或由县改区的）仅包括区政府所在地、经济开发区、工业园区范围。

市中心区、市区两种供电区域的划分不交叉、不重叠。

参 考 文 献

[1] 范明天，刘健，张毅威，等. 配电系统规划参考手册 [M]. 北京：中国电力出版社，2013.

[2] 电力工业部电力规划设计总院. 电力系统设计手册 [M]. 北京：中国电力出版社，1998. 6.

[3] H. Lee Willis，Power Distribution Planning Reference Book（Second Edition，Revised and Expanded），MARCEL DEKKER，INC.，2004.

[4] 范明天，张祖平. 中国配电网发展战略相关问题研究 [M]. 北京：中国电力出版社，2008. 2.

[5] 范明天，张祖平，岳宗斌，等. 配电网络规划与设计 [M]. 北京：中国电力出版社，1999. 8.

[6] 王成山. 中压配电网不同接线模式经济性和可靠性分析 [J]. 电力系统自动化，2002，26（24）：34－39.

[7] 中华人民共和国国家经济贸易委员会. 供电系统用户供电可靠性评价规程 [M]. 北京：中国电力出版社，2003.

[8] 郭永基. 可靠性工程原理 [M]. 北京：清华大学出版社，2002.

[9] 蓝毓俊. 现代城市电网规划设计与建设改造 [M]. 北京：中国电力出版社，2004.

[10] 刘传铨. 电网规划方案的供电可靠性评估方法研究 [J]. 供用电，2010，27（2）：22－26.

[11] 李齐森. 浅谈提高供电可靠性的方法 [J]. 广西电业，2010，（4）：34－36.

[12] 黄艺. 配电系统可靠性评估算法的研究 [D]. 北京：华北电力大学硕士论文，2007.

[13] 阎平凡，张长水. 人工神经网络与模拟进化计算 [M]. 北京：清华大学出版社，2000.

[14] 宋云亭，吴俊玲，彭冬，等. 基于 BP 神经网络的城网供电可靠性预测方法 [J]. 电网技术，2008，32（20）：56－59.

[15] 俞悦. 南方电网省会城市供电可靠性统计管理分析 [J]. 供用电，2010，27（1）：38－40.

[16] 梁启学. 浅析配网供电可靠性存在的问题及应对措施 [J]. 科技咨讯，2010，（13）：147.

[17] 王登学. 提高城市配电网供电可靠性的有效策略 [J]. 硅谷，2010，（3）：35.

[18] Brown R E. Electric power distribution reliability [M]. New York：Marcel Dekker，2002.

[19] 王金芝，江荣汉，符建国，等. 配电系统结线方式的可靠性分析 [J]. 电网技术，1995.

[20] 苏傲雪，范明天，李仲来，等. 基于动态贝叶斯网络的配电系统可靠性分析 [J]. 华东电力，2012，40（11）：1912－1916.

［21］ 苏傲雪，范明天，张祖平，等. 配电系统元件故障率的估算方法研究［J］. 电力系统保护与控制，2013，41（19）：61－66.

［22］ SU Aoxue，FAN Mingtian，LI Zhonglai. The reliability analysis of distribution system based on Dynamic Bayesian Network. CICED 2012.

［23］ ZHOU Limei，LI Rui，SU Jian. STUDY ON THE ECONOMY OF PHOTOVOLTAIC POWER GENERATION OPERATION MODES. CEPSI 2012.

［24］ LIU Wei，CUI Yanyan，ZHAO Dapu，etc. . Research on Reliability Cost－Benefit Analysis and Optimazation of Distribution Network Based on Muti－measures Decomposition. CIGRE AORC 2013.

［25］ 赵明欣，张伟奎，陈海，等. "强－简－强"目标电网结构的初步研究［J］. 现代电力，2013，30（增刊）：9－13.

［26］ 龙禹，崔艳妍，赵大溥，等. 一种基于模式的大规模中压配电网供电可靠性评估方法［J］. 电网技术，2013，37（增刊）：184－187.

［27］ 宋云亭，张东霞，吴俊玲，等. 国内外城市配电网供电可靠性对比分析［J］. 电网技术，2008，32（23）：13－18.

［28］ 国家电网公司. 供电可靠性管理实用技术［M］. 北京：中国电力出版社，2008.